作　者

（以参加"家园归航"项目届次为序）

姚松乔　　　　　　王怡婷　　　　　　张雪华

卢之遥　　　　　　罗易　　　　　　　王丽

林吴颖　　　　　　闫雅心　　　　　　王彬彬

王春光　　　　　　胡婧　　　　　　　孙翎

胡熙

2017 年，姚松乔（最后一排右二）作为"家园归航"项目第一届唯一的中国成员跟随南极考察船"乌斯怀亚号"来到南极。
拍摄者："家园归航"项目成员

📷

库佛维尔岛上居住着大量金图企鹅，正值孵蛋期，它们用石子筑巢，雌雄企鹅轮流孵蛋。登至高处，企鹅的喧嚣和周遭的静谧浑然一体。

拍摄者：孙翎

📷

南极夏季，杰拉许海峡将近午夜的日落。

拍摄者：孙翎

在天堂湾悬停的冰山。天堂湾的寂静，让你觉得呼吸的声音都很大，宁静与平和渗透人心。
照片拍摄后不久，这座冰山从裂缝处断裂，让目睹的人感受到美和脆弱的力量。

拍摄者：卢之遥

冰山吸收了波长较长的红色可见光，将更多波长较短的蓝色光反射出来，呈现美妙的蓝色。
冰山的形态千奇百怪，旅途中我们与无数座冰山擦肩而过。

拍摄者：林吴颖

成群的海豹正慵懒地享受夏日阳光。这两张图均摄于比格尔海峡，它位于乌斯怀亚以南，从阿根廷去往南极的航道的起始端。

拍摄者：孙翎

南方大海燕，摄于德雷克海峡。

拍摄者：孙翎

阿根廷卡利尼科考站外，一队金图企鹅依次下水。

拍摄者：孙翎

在福音湾，一头座头鲸在拍摄者眼前潜入海中。

拍摄者："家园归航"项目成员

在南极沃克湾的大雪中，一只幼年海豹正好奇地注视着来访者。

拍摄者：孙翎

"雪山上本没有路，走的企鹅多了，就有了'企鹅高速公路'。"企鹅养育孩子很努力也很艰难，从海里觅了食，小短腿要迎着风雪，爬到很高的山腰或山顶，跟跄摔倒无数次，在雪坡上走出一条"高速公路"，才能尽快给自己的爱人和刚出生的孩子补给食物。想当父母的企鹅，每年只有夏季这一次机会来繁殖后代，如果发生意外，幼崽被贼鸥叼食，它们就失去了在这一年拥有自己孩子的机会。

拍摄者：卢之遥

曾经以为南极的冰天雪地里不会有植物生存，可是在一个温暖得令我们脱去层层外套的午后，我们发现了多种多样的苔藓。这一方面是南极生物多样性的证明，也从一个侧面反映了气候变化不断给南极带来的影响。图片中的摄影师为莎伦·鲁宾逊（Sharon Robinson）。

拍摄者：凯尔茜·克拉克（Kelsie Clarke）

远处的冰川消融，时而迸发碎裂的巨响。摄于阿根廷布朗科考站。

拍摄者：孙翎

中国南极长城站，位于南极洲西南部，于 1985 年建成，为中国极地研究中心在南极建立的第一个科考站。

拍摄者：孙翎

2019 年 1 月 6 日,"家园归航"项目第三届全体成员登上海
德鲁尔加岩,拍下了团队的合影,纪念成员们呵护地球母亲
的心。

拍摄者:安妮·查曼蒂尔(Anne Charmantier)

2019 年 1 月 3 日,"家园归航"启程后的首次科考站登陆——全体成员参观
中国南极长城站。队员们默契地让出了第一艘小船,说让中国队的姑娘们最
先出发,她们应该最先登陆长城站。姑娘们坐上首艘小船,满怀期待和激动
向长城站前进。

拍摄者:"家园归航"项目成员

2019 年年底,"家园归航"项目第四届成员再一次全体参访中国南极长城站,
感受中国的开放。

拍摄者:威尔·罗根(Will Rogan)

刚刚穿过德雷克海峡的"乌斯怀亚号"驶过冰山，这艘科考船陪伴了
"家园归航"项目第一届到第三届成员的全部旅程。
拍摄者：林吴颖

我们选择的自己

王彬彬

王丽

林吴颖　等

著

中信出版集团 | 北京

图书在版编目（CIP）数据

我们选择的自己 / 王彬彬等著 . -- 北京：中信出
版社，2021.1 (2021.2重印)
ISBN 978-7-5217-2359-5

Ⅰ.①我… Ⅱ.①王… Ⅲ.①女性－成功心理－通俗
读物 Ⅳ.① B848.4-49

中国版本图书馆 CIP 数据核字（2020）第 207502 号

我们选择的自己

著　　者：王彬彬　等
出版发行：中信出版集团股份有限公司
　　　　　（北京市朝阳区惠新东街甲 4 号富盛大厦 2 座　邮编　100029）
承 印 者：北京诚信伟业印刷有限公司

开　　本：880mm×1230mm　1/32　　印　　张：9.5
插　　页：8　　　　　　　　　　　　字　　数：214 千字
版　　次：2021 年 1 月第 1 版　　　印　　次：2021 年 2 月第 3 次印刷
书　　号：ISBN 978-7-5217-2359-5
定　　价：59.00 元

谨以此书献给

地球母亲和她的孩子们

未来不是一个等着我们到达的地方,而是我们共同创造的。道路不会等着被发现,而是被我们铺就的。铺就道路的行为本身既改变了行动者,也改变了终点的样子。

——约翰·沙尔

这本书是十几位优秀的中国女性的协作成果。她们到南极这片遥远的冰冻大陆体验环境与气候变化。通过这奇妙的旅程，她们认识到了人类栖息的这颗星球是多么独一无二。同时，她们也重新认识了自己。她们每一位都是充满智慧和洞见的宝藏，在旅程中，她们分享彼此的故事、经验与教训，并在成长中见证彼此的蜕变。她们学习到：即使是停滞多年的议题，她们只要联合起来，就可以产生影响，促成改变；领导力不是从外部获得的，而是由内而生的；女性有巨大的潜力以深入疗愈人类和地球的方式来推动更多改变发生。

我强烈推荐大家读这本书，这是一本"转型之书"。通过书中的人物故事，你可以学到新知，收获勇气。更重要的是，这本书会启发你的自我认知之旅，使你发现你的人生也有更多可能。

——克里斯蒂安娜·菲格里斯

联合国气候变化框架公约秘书处前执行秘书长

世界变得更好，从女性的自我觉醒和自我发现开始。

——陈化兰

中国科学院院士、全国妇联副主席（兼）

在全球面临气候、生态和健康的多重危机之际，这些新女性对人生的探索和发现，可以成为新一代决策者和行动者的借鉴。

——李琳

世界自然基金会（国际）全球政策和倡导主任

这本书的作者是十几位心怀大爱的中国优秀女性代表。她们用执着、勇敢、恪守和热情，为地球的健康和活力奔走疾呼。在自然世界里的领悟又赋予了她们成长、探索、豁然开朗的原动力。她们是这个领域里珍贵的存在，代表着中国的声音和女性的力量。

——马晋红

大自然保护协会中国首席代表

十几位优秀的女性，在地球的边缘——南极的航行中，回望地球，审视自己。这样一个特殊的时空不仅仅激发了激情与灵感，更让我们看到了女性与自然的天然联系。在地球面临着人类造成的生态与气候双重危机，并且这危机直接给人类健康带来风险的今天，女性的反思与领导力更显恰逢其时。

——吕植

北京大学教授、中国女科技工作者协会副会长

　　这是一群闪闪发光而温暖的女性，她们在各行各业从事着保护地球母亲和科学研究领域的工作，本书记录了她们生动而传奇的成长经历。南极是她们旅途的共同起点，也是她们共同的底色。希望读者能从她们的故事中汲取能量，更好地认识自己，并成为保护地球的一分子。

——王静（@飞雪静静）

登山探险家、探路者控股集团股份有限公司董事长兼首席执行官

目录

第一章
我们的故事

第一节　气候变化

第二节　生物多样性

第三节　人与自然

第二章
她们的故事

第一节　气候变化

第二节　动物与海洋保护

第三节　人与自然

第三章
领导力工具箱

序　言

　　我相信，我们如果携手共进，就会有更大的可能为后代留下遗产，无论我们在种族、宗教、文化、政治倾向、国籍、信仰或教育方面存在什么样的差异。"我"必须为"我们"做出让步。个人权力、侵略和竞争将会为合作和包容做出让步，以实现全人类可持续发展。

　　在这一点上，我们完全一样，包括你我。我们尽管在年龄、身高、体形或面貌上有所差异，但也有相同之处。我们心心相连，共谱乐章。成就或职业并不重要，因为我们都会质疑自己，为家人担忧，需要被关爱和受到重视。这是人类共同的天性。女性对此感触颇深。这就是我们需要女性领导者的原因。

　　重要的不是人类军队规模的大小，而是森林的健康。后代关心的不是宫殿的大小，而是海洋的健康。衡量人类智慧的不是所获财富，而是我们自由呼吸的清新空气。

"家园归航"最初是我的一个梦。

2015 年 10 月的一个晚上，在澳大利亚维多利亚州的埃尔特姆，我紧挨着深爱的丈夫肯恩睡得很香，一条小狗挤在我们中间。一开始，我的大脑一片空白。不知不觉，我渐入梦境。梦里，我正在南极的一艘轮船上，透过窗户，我看见了冰山。我的面前有很多女人。我恍然大悟，原来我正在组织一项领导力培训项目。该项目着眼于提升现代女性领导者的关注度、影响力和相关技能。她们都有科学、技术、工程或医学背景。我们主要关注的是女性作为领导者对地球及人类社会的贡献。在我的左边，一面印有"Homeward Bound"的旗帜迎风飘扬。在我的右后方，一组摄影人员忙得不亦乐乎。我们正在制作一部纪录片，探寻地球现状，以及我们作为领导者如何做出改变、守护未来。

在这个梦境之前，我从没有去过南极，像多数人一样，它只在我的愿望清单上。我也没制作过纪录片，只对女性和领导力有大量深入的研究。第二天我醒来的时候，梦中的各个细节历历在目。喝早茶的时候，我向丈夫提起了这个梦，他一笑置之。我换好衣服出门工作，梦却在我的脑海中不断闪现，于是我给一个朋友打了一通电话，这改变了我自己，并在短短的数年间改变了成百上千位女性的一生。我在电话里和朋友说："嗨！杰丝，我是菲比。你现在有时间吗？"

杰丝·墨尔本-托马斯博士是澳大利亚南极局和澳大利亚南极气候与生态系统合作研究中心的海洋生态学家和生态系统分析员。一年前，在杰丝参加我们的澳大利亚女性领导力项目（Compass）的时候，我遇到了她。她充满生气，有智慧、爱心和目标，是一个能干的女人。我们很快就熟络起来。我对她的及腰长发和罗德学者的身份都很感兴趣。

"有啊。"她答道。

"我昨天晚上做了一个梦……"接着，我详细描述了这个梦并问道，"你觉得这会实现吗？"

她的回答使这个怪梦成为现实："当然，我认为这个主意很棒。你为什么不把它写下来呢？"

这就是第一个支持者给我的力量。

就像命运的安排，当天我取消了一场 3 个小时的会议，把我的梦记录在一张纸上。我写下了如何实现这个梦想：从 2016 年开始，连续十年面向全球招募 1 000 位女性科学家进行包括南极考察在内的领导力培训，为保护地球家园形成合力。我锁定了几位能够支持我的女性，包括海底探险家西尔维娅·厄尔（Sylvia Earle）和动物学家珍·古道尔。在我的心中，她们就是巾帼英雄。我将这张纸寄给杰丝。在接下来的四周里，她向周围的人分享了我写下的内容，多数人很喜欢这个想法。

2015 年 11 月初，杰丝介绍了两位女性加入讨论，作为她与南极专家探讨这个想法的一项内容，她们是贾丝廷·肖博士（Dr. Justine Shaw，澳大利亚南极洲研究员，因从事亚南极群岛保护工作而为人所知）和玛丽·安妮·李（Mary Anne Lea，澳大利亚塔斯马尼亚大学海洋与南极研究所生态及生物多样性中心副教授）。杰丝在一年后因为有了宝宝而退出了这个计划，而肖博士和李副教授成了我最珍贵的朋友，她们参与了很多工作，是我这个梦想最有力的支持伙伴。我们三个一并成了"家园归航"的共同创始人，一起帮助它发展成今天的国际平台。

我的成长故事

我在一个鼓励创造、富有创业家精神的家庭长大。我的父母在"二战"之后从英国来到澳大利亚定居。受父亲影响，我自幼爱读书。大学时，我主修革命史，研究中国、苏联和墨西哥的革命史。我家生意做得不错，而且我们从未忘记对他人的责任。

我的父母一直很坚强，能够成为他们的孩子是我的幸运。他们始终相信，我会坚持所想，不会因为女性这个角色而放弃内心选择。

我家总是聚满了艺术家、剧作家、政治人物或志在涉足这些领域的客人。周六，母亲经常备好丰盛的午餐，因为许多人会前来做客，分享想法。当两个艺术家谈到恐惧及从人群中挺身而出所需的勇气时，我第一次感受到见识和价值观的力量。政府部长们在私下对话中说，虽然他们所处的官僚体制臃肿、烦琐，但他们依旧怀揣梦想，坚持不懈。

随着年龄的增长，这些际遇对我变得极其重要。大学毕业后，我想找一份出版工作。幸运的是，我收到了一家著名国际出版社的总经理的面试邀请。我们谈得十分投机。他想找一个秘书，于是，他问我能不能打字和速记。我不假思索地说："能。""你被录取了！一周后能来工作吗？"我激动万分。走出办公室时，我沉浸在喜悦之中不能自拔。这种感觉持续了大概30分钟。然而，我突然意识到我不会打字，也不会速记。为了获得我梦想中的工作，我说了假话。

没关系，我本不该说假话，但我认为我可以在一周内学会这两件事，这就够了。因此在接下来的一周里，我不断学习和练习，每天20个小时。最后，我学会了速记，也学会了打字。直到今天，我依然会这两项技能。

可是，在做了一个小时的秘书工作后，老板把我叫到办公室，他看起来很生气。他问我："你会拼写吗？"我不会。所有认识我的老师都说："菲比很聪明，但无法集中注意力。"我当时觉得我的人生可能要完蛋了。如果我不会拼写，还有什么工作是我能做的呢？我在大学时并没重视拼写，但我还是顺利毕业了。但是，没有人愿意雇用我。幸运的是，总经理拿起他的牛津词典（曾被誉为"英语拼写圣经"）甩在我面前："给你一个月时间！"他对我非常耐心，我确实学会了拼写。我还学了很多其他的东西——出版、教育、挑战以及商业运作。我一直为他工作，后来我对商业有了更多了解并成为一名真正的合格编辑。然后发生了一件在全世界无数女性身上发生过的事——总经理和当时的高级编辑向我表白了。我当时已婚，还有孩子（事实上我还带他来过公司）。我感到局促不安，于是毅然辞职。

我想从事法律工作，但那时候父亲病入膏肓，他需要一个人接手家族企业。我的哥哥们没有一个人愿意做，于是我主动请缨。我家在时尚行业从事批发和生产业务，主要向大型批发商销售皮毛服装。我反对家里的生意，因为我是动物权益保护积极分子，但我还是接管了家族企业。为了成全父亲，我牺牲了自己的价值观。我对他的爱胜过我所追求的一切东西。

在家族企业工作的七年间，我从仓库销售区人员做起，一步步做到销售总监、营销总监。在父亲逝世后，我晋升为首席执行官，此时我刚步入而立之年。1989—1990 年，无法避免的经济萧条给公司带来致命打击。父亲去世 4 年后的那个夏天，我彻底破产了，利息高达 23%，几家银行上门催债。当时，还债的唯一办法就是清算公司。

那是段苦不堪言的时光，我记得 14 岁的儿子扶我上床休息时，我因害怕失败而泣不成声。身材高大的儿子搂住我，问我怕什么。我答道："我怕没有钱。"我是家里唯一能养家糊口的人。我的丈夫是个哲学家、艺术家和盆景专家，从没赚过钱。没想到儿子说："你之前没有钱，后来赚了些，现在都赔了，总有一天你能赚回来。你拥有你需要的一切东西——我们都爱你。带着我们的爱休息吧，明天你醒来时，它还会伴你左右。到时你自然会知道怎么做！"

随后，我精心策划了一场宏大的清仓甩卖行动。我不得不学会面对别人的评价，尽管我不觉得自己是个失败者，但人们会给你贴上这个标签。我犯过一些错误，也在不断学习。事实并不总是媒体报道的那样。还清银行的债务后，我打算重新开始。我一直觉得自己因善意入错了行，是时候找到我个人看好并能坚持的领域了。

领导力和自我意识变得重要

1990 年，企鹅出版社出版了我的第一本书《不入虎穴，焉得虎子》(*Nothing Ventured Nothing Gained*)，书中讲述了我们家族的故事和我重塑自身价值的历程。我开始帮助商界领袖更多倾听团队成员的声音（远远早于这种做法流行的年代）。我创建了一家领导力实践企业，关注自我意识及如何激励团队成员为共同目标齐心协力。1996 年，我把企业的一半股份卖给了一名资深的人力总监兼工会谈判专家。就这样，我的公司——Dattner Grant（现为 Dattner Group）诞生了。

整整 20 年，我们与领袖人物一起开诚布公地倾听职员心声，证明了倾听有利于企业实现飞速发展。我们的公司日益壮大，与各个级别的数百名员工共事的过程中，我接触了各种场景，学会了如何引导人们树立有意义的目标和价值观（对所有人来说都很重要的东西）。

女性的缺席开始变得尤为明显

渐渐地，我注意到女性在领导力方面持续缺席。几乎在我负责的所有领导力项目和我接触的所有执行团队中，男性与女性的比例通常为 85：15。由此可见，男性数量远远多于女性。有人会说女性对当领导不感兴趣，或者女性不具备领导能力。但在我和女性共事的过程中，我所了解到的是完全不同的情况。实际情况是，女性的领导能力使人难以置信。女性天生就更包容，注重遗产传递，懂得团结合作。综观世界各地，不管在什么样的文化背景下，女性的共同点总是更多。就像地球上潮起潮落，我们也经历了人世兴衰，在我们眼里，关爱家人和投入工作同等重要。我们知道自己聪明能干，也承认自己脆弱，经常怀疑自己。我们已经习惯怀疑自己。不断有人叫我们去怀疑自己，我们对这一点也已经习以为常。我专门针对女性策划了项目（现名为"Compass"），致力于引导更善于合作和包容的女性把目光投向自己要做出的选择和领导力塑造。

在我的第二本书《赤裸裸的真相》（Naked Truth）中，我采访了数百名员工和领导者，发现了我至今仍清楚记得的"真相"：领导者应该把各种答案整合起来思考问题，应该给予成员帮助和指导。先前我对革命领袖的学习也印证了这一点：伟大领袖必定是明智的。即使在最困难的时候，他们也能让人泰然自若、心怀希望，而不是恐惧不安、分道扬镳。

科学、女性和领导力的交会——"家园归航"的诞生

2015 年 10 月，"家园归航"国际项目应运而生。我深切关注环境状况，我相信，这个项目能引起所有关爱地球的人士的共鸣。我还相信，女性的领导是实现人类家园（地球母亲）可持续发展的最好投资之一。

今天，全球治理的领导力变得扑朔迷离，"家园归航"国际项目的参与者们就像一道绚丽夺目的光，有着无限可能性。在积极投入这项全球倡议的女性中，中国女性留下了浓墨重彩的一笔，她们勇敢、聪慧，热爱地球母亲，崇尚集体主义。总之，她们有我能想象到的中国女性的所有优点。我欣慰地看到，中国在世界舞台上拥有了更多话语权，在和中国队的代表们相处的过程中，我看到了最好的中国。

"家园归航"是我做过的最困难的事。过去 5 年我在自己身上了解到的东西比过去 40 年了解的还多。我已经 65 岁了，但我觉得一切才刚开始变得有意义，而最重要的是一切都会过去。我们只是生命长河的一道火光，稍纵即逝。如果幸运，星火也能燎原。众人拾柴火焰高，我们不再孑然一身。我确定我的人生因此有了更多价值，"家园归航"的女性参与者们也如此坚信。

在读这本书的时候，不要感慨"如果我那样就好了"。因为，你

已经无可挑剔。我的故事及书中女性的故事都会给你带来启发，这本书是众多母亲、姐妹提供的建议，是宝贵的礼物，会让你获益无穷。请尽情地取你所需吧。

欢迎阅读，其义自见。

欢迎分享，互相学习。

向内探索，携手向前！

梦想家、"家园归航"国际项目创始人

菲比·达特娜

前　言

2020 年，世界被按了暂停键。气候变化、改变自然的人类行为，以及毁林、野生动植物非法贸易等破坏生物多样性的种种"罪行"都有可能增加动物与人类的接触，并使传染病从动物传播到人类身上，新冠肺炎的产生可能就是实例。地球母亲用她特有的方式送给孩子们一个"间隔年"①。在这一年，人类比以往更深切地意识到，要转向发展更加可持续的经济，造福于人类和地球，人类与自然要和谐才能共生。

这正是菲比创立"家园归航"项目的原因。菲比希望把全球对地球母亲的痛苦产生共情的女性科学家召集起来，通过合作扩大影响力，更好地帮助地球母亲发声，更好地保护她。"家园归航"计划从2016 年开始，用 10 年在全球范围内招募 1 000 名女性科学家和青年领袖，每期开展一年领导力培训，最后有三周时间到南极进行科学考察和集训，从而促成跨界合作，共同推进可持续发展方面的研究、行动和创新。这个源自菲比梦境的计划得到了国际动物保护专家珍·古道尔、Facebook 首席运营官雪莉·桑德伯格、联合国气候变化框架公

---

① 间隔年（gap year）在发达国家非常流行，在这段时期，青年在开学或毕业之后、工作之前停顿下来，放下脚步做自己想做的事情，在步入社会之前体验与自己生活的社会环境不同的生活方式，比如进行一次长期的远距离旅行。——编者注

约秘书处前执行秘书长克里斯蒂安娜·菲格里斯和切尔西·克林顿的支持。

从 2016 年到今天，"家园归航"已经走过了 4 年时间，全球近 400 位优秀女性通过这个项目走到一起。这些来自 40 多个国家的女性，有不同的文化背景、不同的语言、不同的肤色、不同的成长经历和生活习惯。她们的共同之处也很明显：勤于自我探索，勇于担当，作为世界公民，都对应对气候变化、保护自然，动物、海洋以及其他与可持续发展相关的全球公共议题情有独钟。"家园归航"让这近 400 人成为无话不谈的挚友，其中有的还成为事业上肩并肩的伙伴。在这近 400 人中，有 20 多位来自中国。

2016 年入选"家园归航"第一届参与者的中国代表姚松乔是剑桥大学和牛津大学双硕士，有极地保护的专业背景。2015 年联合国巴黎气候大会期间，我和松乔受邀一起去巴黎政治大学参加世界青年领袖论坛并做发言。她小我好多，但经历丰富，沉着温和，发言特别受欢迎。会议结束后，我们一起走了一段路，我了解得越多就越觉得这个姑娘不一般。后来听说她参加了一个国际项目去南极，她在国内为全船人募集了服装、背包、帽子，还拉到了赞助，然后用尽各种办法把这些东西运到地球另一端的乌斯怀亚，送给了大部队。回来后，她创办了一家叫"野声"的教育机构，专心为中国孩子打造定制的地球母亲保护课。从她的微信朋友圈和与我不多的几次交谈里，我了解了"家园归航"项目，并报名入选。

我是 2018 年年底到南极的，同行的除了气候战线的"老战友"克里斯蒂安娜·菲格里斯，还有来自 20 多个国家的 90 位拥有不同学科背景的女性。年龄跨度从 20 多岁到 60 多岁；地理位置从冰岛到津巴布韦，从印度到哥伦比亚；职业从公司总裁到天文学家，从创业者到教育者，从政府官员到海洋学家；关注领域从脑科学到微生物学，从生态学到天文学，从新生儿畸形到老年失忆症，从环境治理到气候变化，从河床石块研究到人类睡眠疾病……总之，没一个重样的。除了我，第三届还有 6 个来自中国的队员，她们是：拿下康奈尔大学公共管理硕士学位后加入世界银行做普惠金融，后来又选择回国"接地气"的闫雅心；对保护中华鲟情有独钟的皮尤海洋保护学者、福建姑娘林吴颖；中央民族大学和耶鲁大学联合培养生态学博士，探寻人与自然的关系，致力于推进改善环境的实际项目和行动，热爱环保公益的卢之遥；芝加哥大学社会科学硕士，毕业后回国创办社会企业，还兼做纪录片导演、文化策展人的多栖"深圳好青年"罗易；大一就沿长江骑行，马拉松跑者，一直走在向外探索世界、向内探索自己的道路上的中国农业科学院深圳农业基因组研究所研究员王丽；麻省理工学院人工智能硕士，毕业放着博士奖学金不拿，偏要拖家带口回国创办亿可能源、志在提供一站式智慧能源管理方案的王春光。其中，林吴颖有一个孩子，王春光、王丽和我都是两个孩子的妈妈。

　　和这些形形色色的个体在南极的船上一起生活了三周，我发现，这些别人眼里的"学霸"、"女汉子"或者"女神"，在卸下"盔甲"后其实就是普通人。她们有追求学业的坎坷，有寻找归属感的困惑，谈到学业、事业与家庭之间的平衡，第一反应都是皱皱眉头（因为根本不可能平衡）。因为她们的真实和质朴，我越来越喜欢她们。

在船上的每一天，我都被不同的人生故事感动着。人生有很多可能，关键在于要知道自己到底喜欢什么，只有了解自己、接纳自己，才能做到即使得不到周围人的理解，也会坚定地走好脚下之路。在外界评价的失败与成功这条轴线之外，还有一条经常被我们忽略的"自我"轴线，它的一端是沮丧，另一端是自我实现。内心充盈着自我实现的感受，要比外界定义的"成功"更让人觉得幸福。中国队的成员开始商量，我们应该把这些激励人心的人生故事带给国内的读者。能感动我们的故事，应该也能感动更多人吧。

"家园归航"中国队的姐妹们愿意挤出时间写这本书，是想分享风景之外、无法用眼睛看到的东西——在南极的三周里，三分之二的时间用来深度交流和交互学习。每个人都被引导着坦诚地打开自己，在南极这个世界上离人类最遥远的地方，用不同的方法来打开内心，向最深处探索自我的价值，国别、年龄、学历、职业这些外在的差异被一层层剥离，只剩下最真实和根本的内核——打开和内在自我的对话，打通和外在自然的连接。能感知不同生命的精彩、真实、痛苦和成长，这总是能让我们毫无防备地热泪盈眶。

第一章是12个"我们的故事"，记录了中国队从第一届到第五届成员代表分享的成长经历。"我们"可以是你的邻居、同学或同事，站在大家中间，我们没什么两样。第二章是8个"她们的故事"，能通过几轮筛选从全球候选人中脱颖而出，她们肯定都有过人之处。这种"不一样"是什么呢？第三届的姐妹们在船上挑选了最有故事性的一些同伴挨个儿采访录音，在回来后拿出工作和照顾孩子之外的零散时间整理采访笔记，尽可能把她们的故事呈现出来。第四届的胡婧在听说此事后受到激励，也交来一个采访故事。这些故事里有主人公自己的身影，更能让人看到更大的世界。为了便于阅读，我们按照主人公的兴趣爱好对这两章的故事做了分类，大家可以对号入座，看看在自己感兴趣的领域里，这些女性在怎样上下求索。

别人的故事对自己的成长而言只是一个引子。读完这些故事，如果你也想梳理自己走过的路，也想对自己遇到的一些人和事找一找源头，问问自己对当下的选择是不是真心喜欢，那就不要错过这样自我挖掘的机会。当然，找到答案不容易，我们也还在路上。不过我们在船上确实学到了一些培养领导力的方法，实用的工具被王丽和林吴颖打包放在第三章了。我们由衷希望，拿到这些工具的读者，可以更好地书写你们的故事。

这本书不是简单的励志故事集或一碗"心灵鸡汤"，而是用 20 个探索自我的故事、五六"两"认知心理学、七八"斤"气候变化和自然保护专业知识、九"吨"女性领导力和十分精彩的真实人生熬制成的一大锅"暖心补气养神浓汤"……学究一点儿的解释是，这本书是我们从认知心理学的角度，用回顾、整理人生故事的方式，梳理出的一条自我觉察、坚定信念、引领激励的成长脉络。

文学界有一个新兴门派叫生态文学，就是用小说、纪实文学、诗歌等人们喜闻乐见的文学形式来传达生态文明的重要性，提升公众的保护意识。从某种意义上来说，这是我们写这本书的终极目标。如果你之前并不知道这些，那么读这本书可以让你获得新知，它说不定能激发你对自然、动物、气候、可持续发展这些议题的兴趣；如果你已经有兴趣，那么读这本书会让你找到更多动力；如果你正在这些领域工作，看完这本书，你就能更加坚定地走好脚下的路。

这里交代一个情况，"家园归航"强调女性领导力。但通过南极之行的学习，我们领悟到，领导力不是简单的领导别人的方法，而是如何管理自己的人生，这是男女都要学习的。功名利禄如过眼云烟，对自我的探究永无止境。所以，不管你的性别如何，你都可以读一读这本书。

航行在南极的海面上，漂浮的纯白冰山中间偶尔会透出一种通透的蓝，那是南极万年冰川的颜色，年代越久，蓝色越深。它静静地封存在那里，是见证冰川成长的记忆。在船上的课程中，最理想的领导力的颜色也是深蓝。这本书是关于在最远的南极向最深处寻找真我的思考和故事。如果你是这本书的读者，那么深蓝会是我们共同的底色。

最后，不能免俗地要表达感谢。感谢菲比、克里斯蒂安娜和"家园归航"项目所有的工作人员，是她们的用心和投入，将满满的爱、勇气和能量传递给了我们；感谢支持我们离家三周半去"放飞自我"的家人和同事们；谢谢参与本书写作的中国队姐妹，通过集体写作，我们找回了在船上的感觉；特别感谢王丽和吴颖，书稿后期的修订和编辑任务非常繁重，我们仨在居家隔离期间通过"深蓝之爱"工作群互相支持，接力前行，而这本书也成了我们在这段特殊时期的心灵慰藉；感谢中信出版社的李穆、上官小倍、罗洁馨、刘倍辰、石北燕等多位编辑，是她们的坚持和不断鼓励，让这本因为作者众多、协调不易而接近"难产"的书终见光明。

2020 年 9 月，刚从疫情中走出来的中国向全世界郑重宣示，中国要在 2030 年前实现"碳达峰"，在 2060 年前实现"碳中和"。在全世界携手实现更高质量绿色复苏的路上，中国挺身而出。作为"家园归航"中国队的成员，我们很荣幸能在国家提出"碳中和"愿景的第一时间出版这本书，用我们的践行故事和切实行动，表达自己的郑重承诺。

不管是南极，还是内心真我，都是支撑我们前进的力量源泉。能量是可以传递的，我们希望通过这本书把能量传递给更多的读者。所以，我们最要感谢的是你，感谢你选择了这本书，希望它可以使你更加爱自己，爱身边的人，爱我们共同的地球母亲。如果读完这本书，你开始反复地问自己：我选择的是我真心喜欢的吗？恭喜你，这是深蓝"后遗症"的典型特征，说明我们是同类。

准备好了吗？让我们开始吧！

"家园归航"第三届中国队成员

《我们选择的自己》作者

王彬彬

2020 年 12 月 8 日

北京

第一章

我们的故事

从 2016 年参加"家园归航"第一届的姚松乔到 2020 年即将前往
南极的第五届参与者胡熙,"家园归航"中国队已经有 20 位成员。
我们活跃在气候变化、自然保护、生物多样性、天文、物理等不同
领域,为了寻找属于自己的梦想,走过了不同的成长之路,有苦有
乐,有笑有泪。在这一章,我们当中的 12 位成员坦诚地分享了自
己的人生故事。

第一节　气候变化

为了地球母亲而远航　　　　　　　　　　　　　　　姚松乔

　　这是我们在南极半岛的最后一个晚上了。虽然已经 11 点多了，但是船舱外面有一种微弱的光亮，这是只在极昼时期才有的，处在日落和日出之间的特殊的天光。环绕"乌斯怀亚号"的，是在这个海湾错落有致的玄武岩山峰。在强太阳光下本应是墨黑色的山，在这午夜的天光下，透出一种幽静的蓝黑。白雪错落于山肩、山腰，将一些山顶覆盖，这蓝黑色与白色的交融，让许多人都在甲板上静静地看得出神。南极的颜色，只有特别的颜料才调得出，不仅因为在白色到灰色再到蓝色之间不同颜色渐变的精细，还因为这片宁静大陆独特的呼吸所带来的灵气。我看着这些山峰，万万没想到自己今后还将十几次来到南极，而且每次都被这久违的深蓝打动。

当天早些时候，当结束最后一次登陆时，我们与同船的加拿大科学家雪莉、澳大利亚科学家费恩一起乘最后一艘冲锋舟回到船上。冲锋舟靠近船舷，随着波浪激荡几下，然后归位。我们在水手的帮助下回到船上，刚走过放有消毒液的池子，水手马上开始清理所有的物品。船也已经起锚，朝着我们晚上停泊的方向行进。我们几个在甲板上磨蹭，不想马上回到房间里，我还在回想刚才登陆所看到的企鹅和苔藓，转头一看，费恩已经满眼泪水。

我给了她一个大大的拥抱，60多岁的她终于圆了自己来到南极的梦想。她看着南极大陆，不知道自己是否还能再来。我问起她年轻时候的故事，这才知道，原来她在学生时期就学习过极地科学，本应作为澳大利亚科考队成员被派往南极考察，但就在出发前不久，她接到南极科考办的协调电话，科考站发现她是女性，于是她失去了这次机会。那时候的极地科考鲜有女性参加，她也因为性别而不是学术能力或心理素质这样的硬性原因与南极失之交臂。随后，她不得不改变自己的研究方向，由极地冰雪转向陆地森林，一晃40年就过去了。我们这次考察，是她第一次踏上南极大陆，她圆了将近半个世纪的南极梦想，心中百感交集。

我们几个留在甲板上的人用力地拥抱着彼此，看着泪光中逐渐远离的南极大陆，真想让自己的每个细胞都停留在这份纯净里，让心里清明、温暖的感受永远留驻。

一套照片种下的南极梦想

我比费恩幸运多了，我的南极梦想从儿时种下，25岁的时候就得以实现。9岁时，我收到一套南极的照片，是妈妈的同事李叔叔给我的礼物。这套照片共6张，上面有可爱的企鹅、萌萌的海豹，还有海冰和冰山。在20世纪90年代没有自然纪录片的时候，我对南极这片神秘大陆的认知都是从这套照片开始的：原来企鹅不仅仅会站着行走，还会把肚皮贴在冰面上爬行；原来海冰成片相连，看上去与天空相接无缝；原来海豹天生有一副笑脸……小时候的我把这套照片当成自己最珍贵的东西，藏在我的宝藏箱里，梦想着有一天我能亲自来到这遥远的地方。

在我25岁的时候，作家李欣频老师邀请我和她在创意界的一些朋友、学生一起加入十几天的南极之行。我心里十分激动，但是又有许多担心。南极是我向往已久的地方，但是从事环保工作快十年的我觉得，我对南极关心并不意味着我必须要到达那里。船票费用本身对当时还是学生的我来说也是天文数字。如何能够完成这次行程呢？

我决定众筹去南极，完成儿时的梦想！在国内外1 000多位亲人、好友和陌生人的帮助下，我终于到了南极。没想到我生命中的第一次南极之旅，开启了之后十几次因不同契机去南极的机会。由于我在船上积极协调探险队的工作，并且努力推进研究项目，下船的时候，探险队队长邀请我在下一个季度来南极工作，为南极探险游轮上的客人讲解南极的自然知识和环境变化。我完全没想到儿时的梦想会以这样的方式毫不费力地实现。不过，加入"家园归航"的故事，就没有那么顺利了……

一波三折，搭上"家园归航"末班车

我在第一次去南极之前就了解到了"家园归航"项目。当时几个朋友知道我有去南极的梦想，看到"家园归航"的全球招募信息就马上发给了我。我自己在美国就读的本科学校曼荷莲文理学院是美国第一所女性高等学府，女性在科学与可持续发展中的领导力也是我特别关注的话题。"家园归航"的愿景和目标我都非常认可，但是它的第一次航程预定在 2016 年年底启航，比我自己规划的南极之行晚了一年。

从南极回来后，想到自己马上又将成为探险队队员回到南极，我十分激动，又去网上查看"家园归航"的最新进展，心里琢磨着："我是不是可以作为探险队的工作人员，帮助他们做一些工作呢？"

"家园归航"的网站那时候还比较简单，我发现这个项目的参与者基本上集中于澳大利亚、美国和欧洲，没有其他地区的参与者。"家园归航"致力于女性领导力议题的推动，尤其是在科学和可持续发展领域。可是除了发达国家，其他国家也面临同样的问题呀！

在仔细研究了"家园归航"的资料后，我决定给项目发起人菲比写信申请加入工作团队，来推动"家园归航"与中国的连接。网站上并没有发起人的联系方式，于是我试着用菲比姓名的许多不同组合形式作为电子邮件地址盲发了几封邮件，介绍自己的背景、在南极的经历，以及想参与这个项目的原因和愿景。

我很快收到了几封因邮箱名错误而弹回的邮件，但没想到过了几天，我竟然真的收到了菲比的回信。她肯定了我的意愿和勇气，但不确定我会如何为团队做出贡献，她用非常强势的口吻说："给你一页纸，请你说明自己到底想为项目做些什么。"我收到邮件非常开心，我把自己的想法整理成一张海报，附在一封邮件里发给了菲比。菲比的回复非常简单，说她会给予我认真的关注，让我展开说明。最终我忐忑地把自己的想法做成了一套完整的方案，发出去之后，我受到了菲比的赞赏，她说有一些内容真的超出了她们最疯狂的梦想。

可这也并不意味着我能够上船，因为所有的核心人员都觉得我的年纪太小。尽管我有许多经验，但是她们还是不能完全信任我的能力，所以让我提供推荐人的联系方式。我在牛津大学的教授、世界银行前首席发言人蒂姆·卡伦（Tim Cullen）接到了菲比的电话，他告诉菲比："真正的松乔只会更加出色，让你大吃一惊。"终于，菲比通知我说，我可以加入她们了。但是第一届已经满员，她建议我在乌斯怀亚或者远程帮忙做一些支持。

事已至此，我觉得我已经尽力了，于是也放下了期待，毕竟我还是有机会去南极的，也可以用其他方法帮助"家园归航"。但又一次没想到的是，在距离出发只有几个月的时候，我突然收到菲比的邮件，她说本来计划参与的哈佛大学心理学教授苏珊·大卫（Susan David）因为医生不建议她去南极，申请临时退出，船上有了一个空位！我要做的是把自己弄到乌斯怀亚，然后就可以上船了！

那一刻的我真是十分感谢这位素未谋面的教授，希望她平安健康，更觉得我要好好珍惜这次机会。第一次跟菲比打电话的时候，她说："此后十年，你我都将记住此时此刻，这就是伟大的计划开启的时刻。"我听完这句话汗毛竖起，一方面为"家园归航"项目的巨大可能性而激动，另一方面为自己的幸运而感慨。当然，脑子里也有个声音说，菲比是故意用戏剧化的语言来激励我做事吧！时至今日，我越发体会到菲比有特色的戏剧化个性，也越来越相信，菲比说的是真的。

从非洲走到白色大陆

2016 年，我从牛津大学赛德商学院毕业，读完了专注于社会创新的工商管理硕士；在前一年，我在剑桥大学读完了地理学的硕士。我在攻读这两个硕士学位时，有幸拿到了盖茨奖学金和思科奖学金的全奖支持，还遇到了许多志同道合的朋友。我是本科毕业工作三年后才选择继续到英国读研究生的，所以没有困于书斋，而是趁着在学校的时间做了许多有意思的事。

去英国之前，我参与创立了一个果汁品牌。那是我第一次接触创业项目，尝试从商业的角度来着手解决食品安全和可持续健康问题。在剑桥和牛津的两年中，我结识了在西非塞拉利昂创业的加拿大人贾森，他创建了塞拉利昂第一家大米加工企业，该企业在埃博拉疫情泛滥期间，发挥了比联合国粮食及农业组织更有效、更快速的援助作用，把粮食送到了许多重灾区。我带同学到塞拉利昂考察，并试着在当地开展了一些番茄加工的项目，支持贾森在当地的创业项目。两年里，我前后去了七八次非洲，考察了尼日利亚、加纳、塞拉利昂的农业加工产业，在津巴布韦和埃塞俄比亚为当地的农业企业、农业部及发展援助部门做项目顾问，想要更好地贡献自己的一份力量。

虽然有牛津和剑桥的研究资金支持，但我们的番茄加工项目的开展却越来越困难。困难不仅仅是资金、技术和人才的匮乏，更是能源、物流、商业机制等基础系统的不健全。整个塞拉利昂还需要时间来疗愈埃博拉病毒和十年"血钻"内战带来的经济冲击及民众的心理伤痛。尽管这个项目进展不顺,但我还是想待在非洲。加入"家园归航"项目前,我正在考虑一个管理世界银行农业基金项目的职位。这个职位也有其令人纠结之处:一方面,它能够让我继续了解非洲,深入农业进行更多的探索;另一方面,我能看到这份表面光鲜的工作真正能做的十分有限,我可能会拿着比较优厚的薪水,在塞拉利昂过着比当地人舒服得多的生活,然而最终并不会产生很大的影响力。

筹备"家园归航"第一届的行程,成了一个分散我的精力的工具。我花时间帮忙设计项目网站和学员手册,注册了"家园归航"的微信公众号,联系中国媒体传播"家园归航"的故事,还为第一届的队员找到了绒线帽、背包、水壶和黑白两色 T 恤的赞助商。总之,我充满动力地推进着与"家园归航"有关的一切。

20 箱物资的海关惊魂

终于要启程去南极了。我在出发之前就听说了之前运过去的所有物资在阿根廷海关被扣,至今没有到达乌斯怀亚。我心头悬着这块大石头,这次考察的物资是我找了好几家中国的企业和机构"化缘"得来的,虽然船上只有我一个中国人,但是来自中国的支持会到达船上的每一位科学家手中。阿根廷海关出了名地严格,我们同行的摄影团队的所有摄影设备也被扣在了海关。提前几周到达的导演和摄制组想尽了各种办法,最后被要求缴纳高额的罚款。直到我们上飞机的前一刻,还是没有物资放行的消息。

　　转机 3 次，跨越亚洲、欧洲、南美洲，经历了 48 个小时的奔波之后，我终于到达阿根廷布宜诺斯艾利斯埃塞萨国际机场。到达时间是清晨 6 点，打听到海关所在地离候机楼不远，我直接拖着行李暴走 20 分钟进了海关大楼。到了大厅，我有些蒙，好不容易找到了管理扣下货品的部门。一番苦苦交涉之后，值班的阿根廷姐姐终于打出了两张单子，那上面的确就是从中国寄来的物资！那位姐姐看着物品上的东西，说这些是商品，不能这样进入海关，要把它们留下检查或者退回中国。我十分着急地解释，"家园归航"是一个国际公益项目，这些物品没有任何商业的目的和用途，而且所有人几天后就要在乌斯怀亚上船，难道让她们连防风的帽子都不戴就去南极吗？

　　刚坐过国际航班、满脸憔悴的我可能看起来有点儿可怜，而且特别激动。一个年轻官员把我带到了一位资深大叔那里，他们两个人用西班牙语讨论了好久，最后跟我说，我可以把两张单子中比较少的那些货物取出关，但是要办很多手续，盖很多章，而且交很多钱，还必须是比索现金。赶在这两个人反悔之前，我马上着手办理这些手续。海关大厅的取款机全部没有办法取款，我又步行回到机场。由于有取款限额，我换了好几台机器才最终取出所有款项。我担心我的银行卡每天取现额度到达上限，所以也让好朋友帮我给其他的账号临时转钱。（朋友在接到我的信息的时候，想了好久这是不是诈骗短信。）我终于取好钱，到了三个不同的地方交了手续费以后，海关的大叔同意我去领箱子。我跟着工作人员穿过巨大的装满货物的库房，终于看到了我的二十几个箱子。但我只清关了一张数量比较少的货物单，工作人员只允许我提两箱出来，剩下的不可以动。

　　我把箱子拿出来，回到海关，对工作人员百般感谢。海关大叔和我完全语言不通，但是露出了笑容。我趁机厚着脸皮问，有没有可能把其他的箱子也拿出来，因为这两个箱子的物资实在是不够一船人用的，我想请他再次通融。他脸色一变，觉得已经帮了我这么多忙，我竟然还得寸进尺。这时候已经接近下午 5 点，他们马上就要下班了，旁边的工作人员帮我说情。大叔最后说了一句："好吧，你明天早上再来吧。"拿了这道"圣旨"和两个箱子的我，激动地对他用各种语言说谢谢，整个办公室的人大概也觉得没见过这么坚持的亚洲姑娘，纷纷笑了起来。

　　第二天，刚刚到上班时间，我就到了海关。但我没想到大叔竟然不认账了，他说他可以做的都已经做了，今天不能再让我把剩下的货物拿出来了。我无法相信自己的耳朵，明明前一天晚上他答应得好好的，我也已经改了当天晚上的航班，准备拿到箱子马上出发，但是海关的官员竟然不信守承诺。在海关的好几个官员面前，我豆大的眼泪掉了下来。我用英文说我参加的是一个国际项目，南极是全世界共有的地方，为什么我们的物资会被卡在阿根廷海关出不来？为什么一个为了和平的领导力项目，要遭到这些阻挠？一位年轻的官员大概被我的抽泣和哭诉吓到了，对旁边的小姐姐说："让这个韩国姑娘冷静一下。"我难过中又觉得搞笑，弄了快 48 个小时了，他们竟然还没搞清楚我是哪国人！

　　大叔和小哥哥可能是不想再看到我在他们办公室折腾下去，也不希望每天一上班就看到一个哭丧着脸的亚洲姑娘，终于同意给我放行。又是一通取款、缴款，我有点儿虚脱，坐下来喝水都差点儿睡着。最终，在第二天下班的铃声响起之前，我终于把十几个箱子运出来，坐着一辆海关的高高的大卡车，办完了所有箱子的出关手续。

在阿根廷国内航班候机厅，我守着这十几个箱子，感觉它们是自己拿命换来的，一步也不想挪开。把十几个箱子都托运了之后，我平生第一次知道只要付费就可以托运这么多东西。知道它们一定会跟我一起到达，我终于松了一口气。

在去乌斯怀亚的飞机上，我死死地睡了一路，然后遇到了另外四个参加"家园归航"的同伴，我们一起在机场和这些箱子拍了张照，终于到了！

松乔，欢迎归队！

到达乌斯怀亚的酒店，等在我房间里的是一张菲比画的小人儿，大概是我吧，眼睛、鼻子都是眩晕的样子，可能就是这几天劳累的我的样子。菲比在见到我时说："你的执着和能力赢得了所有人的赞赏和尊重，欢迎入队！"

酒店坐落在乌斯怀亚的最高处，往下可以看到整个城市，还有码头上即将去往南极的船。我并不是第一次到乌斯怀亚，但是心中还是非常激动。白天，我们跟纪录片导演还有团队的其他人一起见面讨论，准备晚上的欢迎晚宴。在晚宴上，菲比提到她自己曾经做的关于带着一船女科学家去南极的梦，还提到梦中看到了纪录片团队，我们一起观看了纪录片团队的样片预告片。

工作团队的每一个成员，都要站到前面介绍自己。轮到我的时候，我说道，自己从小关注环境问题，但是从来没有得到过支持。到大学的时候,我发现前几年忙碌的功课让自己忘记了对地球母亲的关心,我再次被惊醒是在 2009 年的哥本哈根世界气候大会上,那一年我在德国波恩学习,深深地被身边同样关注环境的年轻人感染。从那以后,我开始投身于环保工作。这些年为了青年面对气候变化的立场的奔走,常常让我陷入对行动不够及时、身边困难重重的焦虑和恐惧,有时候我很难从这些情绪中走出来。我意识到自己的行动其实是因为恐惧。但是 2015 年我实现了自己儿时来南极的梦想以后,看到这片纯净的、没有被人类打扰的大陆时,我意识到,应该出于爱来保护这个地方。而"家园归航"也是关于爱的,它会让女性把对地球的爱、对彼此的支持传播到更多的地方。所以我义无反顾地给菲比盲发邮件,也想让更多中国人关注和参与"家园归航"。晚饭的时候有一个互动的环节,让大家对地球母亲说一段话,就像对自己的母亲说一样。在这个环节,很多人都流下了眼泪。

第二天就要上船,我觉得自己的任务和学习好像大部分已经结束了,我已经克服重重挑战加入了"家园归航"的团队,也完成了让阿根廷人大吃一惊的 48 个小时内完成海关物资清关这个"不可能的任务",我好像已经完成了自己的成长,南极船上还会发生些什么呢?

最有意义的状态

终于开始登船,我再一次来到了南极大陆,真不敢相信自己有这样的运气。德雷克海峡难得风平浪静,还有暖暖的阳光打在海面上。船上的课程也开始比较固定地进行,每天早上的开场白时间,大家可以讨论自己提出的话题,白天有关于领导力的几个维度的分享和每一位科学家对自己专业领域的分享，晚上大家一起合作艺术项目，观看海底探险家西尔维娅·厄尔、动物学家珍·古道尔和因为身体原因未能成行的哈佛大学心理学教授苏珊·大卫为我们录制的视频。所有的工作人员每天晚饭前会聚在一起开会，安排下一天的分工。我也逐渐找到工作节奏：每天早晚去船长室把项目进展发给远在澳大利亚的支持团队（由她们把信息传给所有媒体），并且实时更新我们的网站。

每天早上，我都在吃饭前去船长室发送邮件。我们乘坐的"乌斯怀亚号"曾经为俄罗斯工作，还做过美国海洋局的科考船，非常有历史，设备也就比较老旧，整艘船上只有船长室的两台电脑可以卫星联网。我每天把白天发生的情况进行记录，配上图片，然后发给澳大利亚。因为只有我能够时时用网络，我也充当了大家的送信员。这些信是写给自己的家人或最好的朋友的，每一封信都在分享南极感悟，表达她们多么希望心爱的人也能在身旁。每天我把收到的回信打印出来或拍成照片给写信的人的时候，都是她们特别幸福的瞬间，由此我也了解到有人家中在遭遇着不顺，有人的亲密伙伴在低谷期，有人面对着乔迁新居的不确定性……真实世界中的种种课题，都通过小小的邮件被发送到这艘南半球大洋的小船上。这大概是我有生以来做的最有意义的事情了。我每天工作起来常常会忘了吃饭的时间，每次我到餐厅，主厨都很头疼，要变着法儿地再为我端出菜来。有时候，主厨还会在我的甜点或者面意上画一个爱心，犒劳一下辛苦工作的我。

船上的每一天都充满惊喜和新的发现，每一天也随时会出现挑战和化解的方法。"家园归航"项目经历了两年的时间终于成行，船上的许多科学家付出了很大努力：各处筹集资金，寻求所在研究机构、学校、企业和公益组织的帮助。有的新妈妈想到自己的孩子还会流下眼泪，她们放下了身边的人和事务来到南极，把将近一个月的时间用来和之前素未谋面的"家园归航"的家人们在"世界的尽头"度过。由于每一天的学习安排都非常密集，加上船上的氛围开放包容，人的情绪和感受会非常自然地奔涌而出，人会找到最放松、最真实的自我状态。

担任第一届"家园归航"探险队队长的格雷格·莫蒂默（Greg Mortimer）是第一个率队从北坡无氧气登上珠峰的澳大利亚登山家。由于我是后来才加入船上队伍的，我没有像其他人一样被分到一个三人学习小组，不过幸运的是，我和格雷格还有副队长莫妮卡组成了临时队伍。莫妮卡是常驻阿根廷的德国女探险家，在南极有20多年的探险经验。奇特的是，即使是在我们看来这么厉害的格雷格和莫妮卡，在进行领导力的自我评估的时候，还是发现了自己的思维惯性和模式。我们三个在餐厅找了一个安静的角落，坐下来静静地分享。我觉得自己真的是世界上最幸福的人——两个加起来到访过南极400多次的探险家，跟一个比他们小几十岁的"小毛孩"分享他们的恐惧和自我评价。

有着传奇经历的格雷格本人无比温柔、低调，他从来不主动谈起自己的经历，只有在被别人不断追问的时候才会说上只言片语。每天早上，他会用特别轻柔的声音在广播里叫大家起床，介绍天气是怎样的，来到了哪个地方，周围是不是有鲸鱼或者企鹅。在他的带领下，每个人都感到无比信任和放松，愿意把自己的身体和心灵都交给南极，完全地敞开自己，接受改变。我在最后一次登陆的地方采访了格雷格，对我的每一个问题，他的回答都十分简短，他明显更享受南极的静默。后来，我在多次去南极之后才体会到，一个来到这片苍茫大地的人不用说什么，只是倾听就足够了。大多数人因为来一趟南极对他们来说是极其宝贵的体验，会希望不断抓取每一个瞬间，非常努力地拍摄、记录、采访和学习，这都是特别可贵的。而最难的是带着一颗宁静的心，倾听南极大地自己的乐章。我们的探险队队长不是一个勇猛有力、穿着盔甲的人，而是一个有弹性、柔软、善良又有勇有谋的人。无论是菲比，还是格雷格和莫妮卡，他们都用独特的自己为我们演绎出了领导力的不同光彩。

谢谢你让这一切发生

我不是第一次到达南极，但这次的"家园归航"是我第一次与77名在科学、可持续发展、气候变化等领域有自己独特贡献的女性一起前往钟爱之地。我每天在自我反思与成长、互相支持与倾听的基础上去观察这片白色的大陆，从中得到了力量。

有一天下着细细的小雪，我们坐在冲锋舟里，看着一块块刚结冰的海冰互相碰撞，形成荷叶冰。格雷格指着落下来的雪花对我们说，雪花会形成一层碎冰，浮在海面上，好像一层浅浅的油光，再凑成碎冰，逐渐形成海冰。我们幸运地看到了海冰结冻最初的过程。同行的天文学家说，这些碎冰和雪花像是宇宙中的不同星系，顺着这些碎冰再往里看，是深蓝幽邃的大海，它像极了茫茫的宇宙。那一刻我真是分不清自己到底是身在落雪的小船中，还是在无垠的宇宙里。

还有一次，依然是下雪的天气，我在尼克港的海滩旁，看着海浪一次次冲刷布满小石子的岸滩，看企鹅从风雪中回来，努力地向山上攀登。这里的冰川极其活跃，冰块落下就会形成小海啸，所以要时常关注。我看着岸边的碎冰前后左右地摇摆，仿佛读出了这片天地独特的韵律。登陆时间快要结束，我还没能爬上山头看冰川的全貌，有20多年南极探险经验的副队长莫妮卡经过我的身边说，你不用守着岸滩，可以向上爬了。于是我跟着几只摇摇摆摆的金图企鹅向山上爬去。上山的路白雪茫茫，远处有一两个人影也在上山或者下山，雪几乎没过膝盖，让每一步上山的路都走得不太容易。虽然还在下雪，但不久我就开始出汗。南极的风、南极的雪都出人意料，突然一阵风吹过，我的汗还来不及干就已经凝固在脖子上，风夹杂着雪挡住了我全部的视线，前后左右都是白茫茫的。我再也看不到别的人影和山上的岩石，甚至山下的沙滩和周围的企鹅也消失在视线中。这是传说中的white out（极地暴风雪）吗？那一刻，我清楚地捕捉到了自己的恐惧。我突然想，探险家沙克尔顿[①]在越过山岭、寻找救援的时候，不知道经历过多少次这样的时刻。无法再辨别方向时，是前进、后退，还是原地不动？他曾经想到自己有可能死在路上吗？他是如何支撑自己为水手兄弟们寻求救援的呢？我把围巾、帽子戴好，决定不下撤，继续往山上爬。风和雪让每一步都更加艰难，我终于体会到探险家们在面对这一片白色静寂时心中的感受，恐惧想法一闪而过，回到脚下，只

[①] 沙克尔顿是英国著名南极探险家，带领"坚忍号"前往南极探险，途中遇险后，带小团队寻求救援，徒步翻越南乔治亚山脉，想尽办法最终将全船水手救出，无一人遇难。

有一步一步的继续攀登和心中与身外那无限的空寂。终于，爬着爬着，我发现左边远处有人影，我调整方向，终于到了最大的一块岩石旁，坐下来，看着这百万年前形成的冰山。从地质学家的眼光来看，冰川也只是一种沉积岩，因为当把时间单位放到地质纪年中来算的时候，石头、冰川的生命都是类似的。格雷格看到我，我们拥抱在一起，我没有告诉他们我刚才心里经历了什么，因为每个人都沉浸在自己的思考当中。终于，其他人要开始下山，格雷格对我微笑道："你刚刚上来，可以自己多待一会儿。"

之后十几次到达南极，我几乎每次都会来到尼克港，也每次都会走同一条上山的路，对山下企鹅栖息地的几个特征都烂熟于心，但是再也没遇到那么大的风雪。后来回忆中的尼克港，大部分时候都是蓝天白云，一片晴朗。一年以后，我们在山上挖出了一条长长的雪缝，我们会小心地避开它，但风雪那天，很难说我脚下的每一步是坚实的冰雪，还是仅有一片薄冰的虚空，一脚下去，不知道是否会再也爬不起来。无论到达南极多少次，我都不能放下这份敬畏，这里的风、雪、冰川、海浪，让我直接面对内心最深处的柔软和恐惧，让我只能把自己交付给脚下的这片大地。

在奇幻岛登陆的时候，菲比一个人注视着企鹅栖息地，我跟她会合，闲聊了两句。她问我有哪些收获，我支吾了两句南极的神奇，然后问她的感觉如何。她说："能把自己的梦变成现实，还是感觉不太真实。我今年60岁，希望在接下来的十几年中，我能像古道尔、厄尔这些女性一样，努力为世界尽自己的一份力。"我想，对菲比来说，她的使命不是研究黑猩猩或者海洋保护，而是支持我们这些保护和研究地球家园的女科学家。但她的心和比她大 20 多岁的女性领袖们是在一起的。那一刻我突然觉得，站在我身边的不是一个我景仰和崇拜的女强人，不是振臂一呼发起一个全球项目的领袖，而是一个对世界怀着美好梦想的女性，她在尽自己最大的努力，向自己崇拜的姐姐一样的女性榜样们看齐。我给了菲比一个巨大的拥抱："菲比，谢谢你让这一切发生。"

锚定方向，开始归航

　　一向不太晕船的我，在每天高强度地投入后，终于在回程路过德雷克海峡的时候撑不住了。那天，我在船长室发完一天的邮件和媒体文件后，由于盯着屏幕看了几十分钟，我到餐厅已经完全没有了食欲，只咽下了两片西瓜。我感到胃里翻腾，好像人已经下到二楼船舱，但是肠胃留在了五楼的船长室。跌跌撞撞回舱房的路上，我抓了身边的一个呕吐袋，把刚刚吃的西瓜全部吐了出来。在我露出这副窘相的时候，厨房的工作人员正好路过，送我回了房间，还给我拿了晕船贴。我躺在床上，四肢摊开，闭上眼睛，想象自己与海浪融为一体。我好像躺在妈妈的子宫羊水里，随着波浪上下一起一伏。我脑海中闪过还没有完成的一样样事务，闪过菲比说的话，闪过每次登陆看到的景色，又闪过远方的朋友和家人，我终究敌不过晕船药带来的睡意，在德雷克海峡的风浪中睡了过去。

　　一觉醒来已是傍晚，而外面的世界竟然暗了下来。这是最明显的——我们已经离开了南极大陆，回到了南纬 50 度左右，不再有极昼，开始出现日落。来到船长室，我们已经隐约可以看到南美大陆最南端的合恩角。

　　每一艘去往南极的船都是一个独特的王国，有自己的文化和传统，每一个王国的子民对自己的土地都有不同的连接。而船长室是这个王国的核心，掌握着整个王国的前进方向。在甲板上，在船舱中，你可以感受海浪的力量，可以眺望日落的景色，可以看信天翁绕着船飞，而在船长室，你能清楚地知道自己在海洋的何处，船正在驶往何方，风力、冰情、浪高、温度如何，周围有多少船，此处的海有多深，以及船上的各个部分是否在精密准确地运转——答案都在船长室。换句话说，船长室是整艘船的大脑和神经中枢，决定了船的心脏和灵魂。

　　"乌斯怀亚号"的船长酷爱古典音乐。当我们行驶在天堂湾的碎冰之中的时候，当我们在狭窄的利美尔水道通行的时候，船上放的是莫扎特、柴可夫斯基、威尔第的音乐，是百十件管弦乐器一同发出的让人心弦波动的旋律。在人生这段旅程中，我们在生命的海洋上漂浮，在我们的大脑中播放的又是什么样的音乐呢？我们有多少时间是确定我们到底在去向何方的，有多少时间在觉察自己外在和内心的状态呢？在船长室，每15分钟就校准一次的航海地图，也像是我们每一个人都需要的生命导航仪。

　　很快，我们要接近合恩角了，那里有一座雕塑，远远地从望远镜上就能看到，那是一只镂空的信天翁。信天翁在波涛汹涌的德雷克海峡上很容易被看到，水手们把信天翁看成自己在海上失去的兄弟的象征，它们向往自由，又无比忠诚。在开往合恩角的时候，我看着格雷格和船长，好像读懂了他们眼神中更深层的意义。

为地球母亲发声

船靠近乌斯怀亚的那个下午，我们重新踏上码头，好多人都不愿意相信自己已经回到陆地。而事实上，我们已不再是原来的那个自己，陆地上的一切也好像已经变成了全新的模样。也许这样一个与世隔绝的地方，和这样一段无法与人说起的经历，给人留下的最直观的就是回到陆地的眩晕感，要让人慢慢地适应。大家陆续离开乌斯怀亚，而我要在这里等待这个季度剩下的几期我做探险队队员的时间，所以我在这个南美洲最南端的小城又停留了接近十天。我找到了一家有着一间可爱阁楼的旅舍，自己住下，每天看海洋和自然的纪录片，回忆船上发生的一切事情，跟自己的身体和内心对话，写下我的恐惧、我的愿望、我想实现的梦想。在船上的每一天，我都忙着工作，没有办法完全放松，来享受和接受发生的一切。而下船之后，我终于慢下来，让之前几周受到震荡的思想和感情慢慢地生成、沉淀。

在那个南半球的夏天剩下的几个月里，我都在南极的船上工作，看着11月我们看到的企鹅蛋孵出企鹅宝宝，宝宝一天天长大，绒毛换成了羽毛，企鹅爸爸妈妈离开，企鹅宝宝终于成年下水开始觅食，到最后它们完全离开自己的栖息地，开始在海洋中的生活。几个月之后，我和好朋友孙一帆带了几个对南极感兴趣的大朋友和小朋友来到南极，我写下了第一版南极考察的探险日志和课本。从那之后，我的重心完全改变了。我意识到这片神奇的土地对我的改变之深，意识到这里是许多人第一次可以完全放下自我、和自然对话的地方，意识到南极可以从根本上把人变成一个自然主义者，而我以往所做的环保工作停留在头脑方面，不够让人有全面的转变。也因为在"家园归航"

中的体验，和我自己对南极的领悟，我意识到了来到南极的体验可以多么不一样，而这里最值得被打开的方式，就是充满尊重和敬畏之心，带着科学精神和人文关怀的地球朝圣。

回到北京之后，我许久不能出门，总是想念南极的风、海、浪。在见识了南极的神奇之后，我突然觉得，之前去非洲的想法是处于自身的小我的动机，即梦想一个人可以改变世界。而我所感受到的愤怒、郁闷和所做出的牺牲，也都是因为自己的付出没有得到相应的回报，或者自己的期待没有被满足。而在南极，这里的一切已经足够完美，来到这里的人，只要被加以引导，就都能受到极大的震撼和感召。我花了一点儿时间重新回到非洲交接所做的项目，然后回国创建了一家地球教育机构——"野声"。

"野声"的含义是，我们要为原本无声的大自然发声，了解我们跟地球上诸多生态系统之间的纽带，真正建立深度的联结，为自己的生命找到独特的价值，无论从事哪个领域，都能够为对自然的保护和对我们自身的保护发声。创建"野声"的过程就像是另一次旅程，旅途漫漫且辛苦，而且只有起点，没有终点。我每一天都面对着新的天气、新的冰情、新的海浪，每一天船内船外也面临着新的挑战，但在南极的训练让我熟悉了"水性"，我知道要时时刻刻锚定自身，坐在船长室里校准自己的航线。

（关于姚松乔："家园归航"第一届成员，2016 年年底随项目赴南极考察，回国后创办地球教育机构"野声"，致力于帮助更多人了解地球母亲，创造人与自然和谐共生的未来。）

气候变化与我何干

王彬彬

在出发去南极前，我几乎要取消这趟行程了。

气候变化在很多人眼里是南极冰川融化或者北极熊无家可归，和日常生活距离很远。过去十多年，我一直参与联合国气候变化大会，跟不同的人讲"气候变化与你密切相关"的道理，呼吁大家行动起来。当全球自下而上应对气候变化的声浪越来越高的时候，我却被困在一个问题里——人们如果在这个问题上有了相对高的共识，为什么还缺乏行动力呢？我越深想，越迷茫。我希望参加"家园归航"，和各国关心气候变化的姐妹好好聊一聊，给自己再打打气。没想到，出发前往南极前，我提前找到了答案。就在我反复思考要不要把"家园归航"的名额让出去的时候，我得知联合国气候变化框架公约秘书处前执行秘书长克里斯蒂安娜·菲格里斯将作为第三届的特别嘉宾与项目成员一同前往南极，我当即决定参加。在全球气候治理进程中能得到世界各国尊重的人不多，克里斯蒂安娜是其中之一。我无数次和她在同一个"战场"上互相支持，就是还没有真正深聊过，能和她一起去南极真是太好了！

如我所愿，在"乌斯怀亚号"上再相逢的我们深度碰撞，惺惺相惜，将彼此引为知己。在临近行程结束的一次深谈中，我告诉克里斯蒂安娜："我是因为你才来到这艘船上的。"她注视着我的眼睛，微笑着说："现在你还这么想吗？"被她一提醒，我才意识到，自己在这趟行程中得到的已经远远超出了预期……

黑马逆袭中央电视台

我出生在山东北部的一个县城，小时候，父母经常不在身边，我每天除了吃饭、睡觉，就是和村里的孩子们疯跑打闹。现在回忆起来，那感觉真是无拘无束。四岁多时，我跟着父母落户济南。被送到幼儿园的第一天，我发现周围的孩子能歌善舞，而我连普通话都不会说。于是我使劲练习普通话，估计"成为最好的自己"的种子是在那时候种下的。从小学到大学，我都是家长眼里的好孩子、老师眼里的好学生、邻居眼里的好榜样——中学保送大学，大学保送研究生。为了追求"别人眼里的完美"而加倍努力的我，内心深处对自己的认识一片空白。

硕士毕业后，我进入中央电视台新闻中心工作。新闻中心刚成立了一个机动行动组，叫综合组，目标是做"新闻联播里的焦点访谈"，要采制和《焦点访谈》同水准的内容，但要把时间从 30 分钟压缩到 3 分钟内，在《新闻联播》里播出。综合组白天和其他组一样跑部委会议，晚上按照热线电话线索分头出动，采制各种调查新闻。组内同事大多是从各地方电视台抽调的有丰富经验的调查报道精英。

我以前真没干过调查报道，只能从大记者们看不上的"小片"开始练手，就是简讯、特写这类社会新闻。有一次，制片人把我写的稿子摔在地上，说我连新闻 ABC[①] 都不懂。我自尊心受不了，回到住的

---

① 新闻 ABC 是指准确（accuracy）、简洁（brevity）、清晰（clarity）。——编者注

地方哇哇大哭。从第二天晚上开始，我就"长"在了电视台二楼的机房里。记者们采访回来都会在这里剪片、写稿、编片，只要发现有人在干活，我不管认不认识人家，都会凑过去站在旁边看他是怎么架构文字、怎么用编辑机、怎么上字幕的。我一点点从头学，每天撑到半夜才回去，白天照常报选题、跑"小片"。

一个月结束了，工作量统计出来，我发了 30 多条"小片"。虽然我还做不出调查报道，但我发的"小片"也有几条上了《新闻联播》。当月我的业绩排进了全组前三。再见到我时，制片人说："没想到你是匹黑马啊！"

情归阿里，属于你的世界可以更大

在中央电视台的日子过得飞快，我逐渐适应了作为机动组成员的常规状态：24 小时随时待命，哪里危险去哪里，白天西装革履上"两会"，晚上乔装打扮下基层。调查报道成了家常便饭，我没少和采访对象斗智斗勇。只用了一两年的时间，我跑遍了所有省份，见识了各色人等。我尽管表面上经历丰富多彩，但常常有不能深入了解、只能略知一二的遗憾。

2005 年，西藏自治区成立 40 周年。新闻中心派队伍进西藏，兵分几路，做专题报道。我们这支能吃苦、能战斗的队伍被分到了条件最艰苦的阿里地区。阿里在很多书里被描述为"最后一片净土"。净土，换个说法就是条件不适合人类居住的地方。我们一路采访，一路拍摄，一个月内走遍了阿里七县。阿里有一座非常有地位的神山——冈仁波齐，它被称为"万山之源"，是苯教和藏传佛教的发源地。那里每年吸引成千上万的信徒来朝圣，他们用转山的方式表达自己的信仰。我们赶到冈仁波齐山脚下拍摄转山人，看他们一步步叩着长头，不管是老人还是孩子，都是一样的虔诚。

冈仁波齐一日有四季，刚才还艳阳高照，转瞬就可能乌云密布。正拍摄的时候，鸡蛋大小的冰雹忽然砸下来，我们赶紧收了机器往车里跑。这时候身后传来悠扬的歌声，开始是一个人唱，后来加入的人越来越多。歌声萦绕在半空中，在云雾里盘旋，和冰雹抗争。我被歌声吸引，拽着摄像师往回走。眼前的画面让人震撼，那些转山人，无论男女老少，没有一个因为突如其来的冰雹而惊慌失措。他们的脸上呈现着超然的平静，在此起彼伏的歌声里继续行着长头大礼往前走，不在乎前方有没有泥泞，不在乎冰雹砸在脸上疼不疼。我赶紧蹲下来，尽量把话筒举得离他们近一点儿来收录歌声。我想，打动我的一定可以打动观众。那一刻，外面的世界被按了暂停键，纯粹的歌声直击心灵，我的眼泪不受控制地扑簌簌流了下来。

当晚，因为淋了冰雹、吹了风，加上长途劳累，我开始发烧。在海拔 5 000 米的地方发烧是有生命危险的。我吃了药昏睡过去，第二天一早睁开眼，神清气爽，烧退了！走到屋外，冈仁波齐钻石形的山顶正从朝霞中露出来，光芒万丈。远处的转山人都停下来，朝着山顶的方向膜拜。我也闭上眼睛，默默感谢神山的眷顾。

在阿里的街头，我还遇到过一个乞丐，他走过来问我要一角钱。当时我的钱包里只有一元的，我顺手抽出一张递给他。他愣了一下，低头在自己的包里找了一会儿，两只手捧了九角钱递给我。我说，没事，一元都给你。乞丐说："我只要一角。"他坚持要把九角钱还给我。我很奇怪。他却说："这辈子你给我，下辈子我给你，世间有轮回，不能多贪多要。"

在阿里，我感受到了不一样的世界观和价值观。它们尽管不一样，却并不冲突，反而因多元而美好。从阿里回来，我离开了中央电视台。世界很大，我想去更远的地方看一看。

很快，我入职一家旅游杂志社，成为专题策划，专门负责和各国驻华使馆、旅游局打交道，开发高端旅游线路，第一时间去踩线体验，我选择这份工作就是为了能去更远的地方。随后几年，我去了十多个国家，头等舱、奢侈酒店、米其林餐厅是每次出差的标配，我要做的就是衣着光鲜地尽情体验广告上经常出现的各种感官刺激和物质诱惑，回来把自己的感受写成文字，刊登在杂志上，吸引更多游客。第一年，这种高端奢华真让我兴奋。可是第二年，我就开始觉得哪里不对劲了。我像是飘在空中，没有着落，我的工作状态和我在当记者时了解到的这个国家大多数人的真实生活距离太远。很快，"花花世界"失去了吸引力。我开始专挑艰苦的线路跑，穿越柴达木盆地，徒步于巴丹吉林沙漠；干干净净地进去，面目全非地出来。同事们都觉得奇怪：这个人怎么自己找罪受？他们不知道，只有去这样的地方，我才能找回自己真实的心跳。

有一次，我到了西昌螺髻山，与彝族的管理站站长一起登山。站长领着我看漫山遍野的杜鹃古树，真是太美了。闲聊的时候，我了解到管理站很穷，第一反应是在山顶盖座庙，赚点儿香火钱补贴一下。站长说："王老师，您去过很多国家，我一辈子就在这个小地方，我的见识肯定没您多。我只知道，彝族祖先说这片山、这些树不是我们的，是子子孙孙的。我要替我的子孙看护它们，不能动这里的一草一木。"那一刻，我真恨不得找个地缝钻进去啊。足迹踏遍万水千山又如何？我的世界观还不如哪里都没去过的人。

哥本哈根，一脚"踹"出个新大陆

2008 年，汶川地震。我坐在电视机前看着灾区一幕幕人间悲剧，泪如雨下。心里的声音说，我想去灾区帮助那里的人。可彼时彼刻的我除了会扛摄像机、写稿、出镜、编片子，还会什么呢？我去灾区能帮上什么忙呢？

这时一家国际人道救援与扶贫发展机构在中国招聘媒体官员，帮助他们写灾后重建工作报告。这份工作太适合我了！我加入了这家机构，去往灾区，通过走访灾民完成自己的工作。那段时间虽然辛苦，但我心里很踏实。

5·12 地震一周年工作报告顺利发布，帮助捐款人了解了他们捐的每一分钱都花到了刀刃上。我刚从繁忙的工作中喘口气，领导就把我叫进办公室："年底要在哥本哈根召开联合国气候变化大会，你去吧！"联合国？气候变化？这和我有什么关系？我也不懂啊！领导鼓励说："没事，咱们没开这个方向的业务，当然没人懂。你去了，一边干一边学，回来就懂了！"

就这样，2009 年 12 月，我被一脚"踹"到了丹麦首都哥本哈根，作为该机构代表团第一位来自中国内地的代表参加《联合国气候变化框架公约》第 15 次缔约方会议（COP15）。这次大会被媒体称作"人类拯救自己的最后一次机会"，而它也开启了我和气候变化这个议题的缘分。

　　我在出发前看了大量气候变化的资料：气候变化是在一定时间尺度内年平均温度的变化，是第二次工业革命以来人类排放过量温室气体造成的，近百年来呈全球变暖的趋势。概念有点儿抽象，于是我专门去甘肃农村考察，想了解当地人受气候变化影响的情况。

　　在村口，我们遇到一位盖房子的老人家。考察就从唠嗑开始，我随口问了一句："大爷，您知道气候变化吗？"我原以为直接问气候变化这么专业的术语，大爷肯定不知道，没想到大爷把手里的铁锹一撂，说："我当然知道啊！以前这个地方十年九旱，这十几年是十年十旱。原来3月会下点儿雨，现在雨不下了，今年还下冰雹了，我的玉米全被砸死了！"大爷带我们来到玉米地边上，顺手掰下一根玉米棒子。表面上看不出这根玉米棒子有什么问题，可打开一看，里面的玉米粒全是瘪的。这一幕深深定格在我的脑海里。农民靠天吃饭，天变了，农民就吃不上饭了。这就是气候变化最直观的负面影响。

　　这次调研让我心里有了底。在哥本哈根，我和国际团队的同事们跑前跑后，张罗发布会、组织媒体培训、协调会议，还要抽空自己补课，忙得不亦乐乎。两周内，我们白天过哥本哈根时间，晚上过北京时间，顾不上吃饭成了"家常便饭"。

　　第二周，时任国务院总理温家宝赶到哥本哈根大会现场会见联合国和各国领导人，积极斡旋，希望推动这次大会取得实质性进展。但是，190多个国家和地区开会，实在是众口难调，最后不但没有达成各方期待的法律协议，西方媒体还顺手把谈不出成果的责任推给了中国。和所有在场的其他中国同事一样，我觉得心里堵得难受，塞满了委屈。

回国后，我开始积极推动多方合作，搭建对话平台，气候变化成了高频词。在国际场合，不能只强调政府怎么说，民意是非常重要的参考指标。2012 年，我组织了第一次全国范围的公众气候变化认知调查，了解中国公众对气候变化问题的认知情况。结果非常令人振奋，超过 93% 的受调查者对气候变化有一点儿了解，并支持政府应对气候变化。在年底的多哈气候大会上，时任联合国气候变化框架公约秘书处执行秘书长的克里斯蒂安娜引用我们的数据，肯定了中国的贡献，鼓励中国有更积极的表现。

没过多久，机构要在中国组建第一支气候变化专业团队。毫无悬念，我成了这个新团队的负责人，设计战略，带新人，和国际同事、国内伙伴一起开展气候变化与可持续发展相关的政策研究，动员公众参与应对气候变化的行动。我每天都充实地忙碌着，工作涉及的主题从农业到生物多样性，从贫困到公正，从性别平等到青年领导力。我这才发现，只要是可持续发展的相关议题，都和气候变化有扯不开的关系。我们一边学一边干，访村入户，组织专家调研，设计试点，发布研究报告，抓住各种机会组织公共演讲，设计灵活多样的活动鼓励公众行动。对团队每一个人来说，那都是一段闪光的日子。

2015 年，我们和伙伴共同推进的陕西低碳适应与扶贫综合发展计划宇家山试点项目入选"改变先锋——发展中国家可持续低碳发展"优秀案例。那年 12 月，我在巴黎气候大会现场见证了 190 多个国家和地区通过《巴黎协定》。在雷鸣般的掌声中，我觉得自己看到了这个世界最美好的一面。

出访越南，变日常为永远

2016 年 8 月底，我陪同中国气候变化事务特别代表解振华带队的中国政府代表团考察越南项目点，了解这个国家广大民众的实际需求，以便更好地设计国家南南气候合作的项目。解振华一生执着于环境保护事业，历任原国家环境保护总局局长、国家发改委副主任、国家气候变化事务特别代表，大家习惯尊称他为"解主任"。解主任从 2007 年开始参加气候变化谈判，带领中国赢得了国际社会的尊重和认可，可以说是这个领域的精神领袖。

在我们考察的这个项目点，气候变暖导致海平面上升，海水倒灌，红树林严重退化，原来种植水稻的良田变成了水塘。在社区项目的设计过程中，项目人员充分咨询村民的实际需求，为村民提供了改种植为养殖的替代选择，并发展当地生态旅游，开设有机生活咖啡馆，使村民的生活水平得到了提高。

这次考察让我们看到，减缓气候变暖速度和提高气候适应能力要和脱贫、发展经济、保护当地生态环境很好地结合起来，在生态得到保护的同时，改善村民的生计，只有这样才能可持续发展。考察结束时，解主任问我："你为什么一直推进多方合作？"我想当然地回答："这是我的工作啊。"解主任看着我说："应对气候变化不只是一份工作，它是一份事业！"那一刻，我豁然开朗。原来，我早已把它当成了自己的事业。

此行之后，我追问自己，在这个领域收获了那么多成长、信任和支持，既然这是一份事业，我还可以做些什么？对，起码可以把我的经历写出来，让更多人知道中国在气候变化议题上怎样实现了政府主导、社会共治的多元治理格局，还可以激励更多青年人走上气候治理的道路。

2018 年 4 月，我的专著《中国路径：双层博弈视角下的气候传播与治理》出版了，读者反馈说这本书是"气候圈入门指南"，这也正是我最初对它的定位。很快，这本书入选国家社会科学基金中华学术外译项目，签约全球最有影响力的出版社之一——施普林格出版集团。我可以向国际社会好好讲讲中国故事了。

怀着感恩的心，我把新书送到了解主任的办公室。解主任问："下一步你想干什么？"我只能实话实说："我还没想好。"摆在眼前能让我"名利双收"的选择倒有几个，但我提不起太多兴致。应对气候变化已经内化为一份事业，我不甘心看它受到美国退约的冲击，不甘心看它受到负面影响，我想尽己所能再做点儿什么。但作为个体，在大国博弈面前，我还能做什么呢？我把心里的困惑倒出来，解主任笑着说："不甘心是吧？来我的研究院！"

就这样，我加入了一支全新的"超能陆战队"。解主任把自己获得的"可持续发展奖"的全部奖金捐出来，在清华大学校领导的大力支持下成立了气候变化与可持续发展研究院。这支队伍的使命是团结一切可以团结的人，为全球气候治理进程提供创新方案。我们总结出了八个字："气候征程，携手共进！"

一段新征程开始了。

南极，打开十年心结

2019 年是我入行气候变化领域的第十个年头儿。这十年，我和不同阶段的战友们紧锣密鼓地推进气候治理，把自己变成了一杯"行走的鸡血"；这十年，我当了妈妈，有了儿子马达和女儿斯加，两个孩子的名字加起来是我挂念着的受气候变化影响的非洲第一大岛"马达加斯加"；这十年，我"回炉再造"，一边给马达喂奶一边复习考博，怀着斯加准备博士学位论文，就在《巴黎协定》通过的那个晚上，我落笔完成了毕业论文定稿。

十年是人生中不长不短的一个节点，参加"家园归航"考察南极是我送给自己的最好纪念。期待中的考察收获不少，我对自己坚守的事业也更有信心，而和 20 多个国家的女性科学家日日夜夜的交流开启了我对人生和自我的不同层次的思考。让我印象最深的是一次航行途中的夜谈，这次谈话帮我解开了十年前的一个心结。

夜谈主持人是克里斯蒂安娜，她这次的任务是带大家学习自我、他人与环境的关系。她邀请三位成员上台，分享自己用什么方式影响了自我、社区和政府。我被点名从与政府合作的角度分享自己的经历。我有点儿犹豫，说实话，我最想分享的是在哥本哈根感受到的国际社会对中国的成见。可看着台下坐着的这几十位来自不同国家的同伴，要是我把我的真实感受说出来，她们能理解吗？

既然这是一直梗在心里的结，既然被推上台了，那我就说出来吧！我讲了十年前我在哥本哈根看到的中国政府代表团的进步，讲了最后时刻中国受到的不公正的对待，讲了过去十年我看到的各方的努力，讲了推动合作过程中的挫折与坚持。我说，我真的希望大家能够看到一个进步的中国。讲述的时候，我有种豁出去的心态，不管有没有人能理解，反正我把在心里憋了十年的话讲出来了！克里斯蒂安娜激动地说："中国从2009年被动地跟随，到2015年成为《巴黎协定》的重要推动者和贡献者，值得我们所有人尊敬！"又一次，我的眼里充满泪水，这一次是感受到自己和自己的国家被接纳、被尊重后从内心迸发的喜悦的泪水……

你好，人生！

直到硕士毕业前，我还在问自己：我究竟要过什么样的人生？有一天，一个实在被我问烦了的朋友说："嘿，老天爷给你一辈子时间，如果你这么早就找到了答案，那剩下的时间你干什么？"真是一语惊醒梦中人！后来我一路走，一路找，一直找。直到从南极归来，我知道，我终于接近答案了。

我要的人生，就是我正在经历的！也就是接受当下的自己，卸下"坚强的面具"，与习惯追求"别人眼里的完美"的那个我握手言和，感受内心深处的柔软和力量。

在正前方，我还有很多书要看，有很多知识要学习，有很多朋友要认识，有很多成见要打破，有很多次成长要经历。

我的朋友，你呢？

（关于王彬彬："家园归航"第三届成员，气候变化行动研究者，户外运动爱好者，马达和斯加的妈妈。）

全心投入可呼吸的人生   王春光

　　"你要活得精彩，要敢想，更要去做，成为最好的自己！"这不是一句名人名言，而是我的父亲对我最重要的教导和鼓励，也是我的父辈在我心中埋下的一颗种子。这颗种子生根、发芽，到 2019 年我航行在南极的时候，它早已融入了我的全部身心。

　　在"乌斯怀亚号"上，我曾望着南极纯净的冰山大海，坐下来回忆以前的日子。我想象着，等我到了老年的时候，我的一生会如何被记录下来呢？我们是人生的过客，我希望在回味我的人生时，我的生活是充满色彩和生机的，有爱、有追求，我在帮助世界变得更好的过程中曾贡献自己的力量。我的父亲是我人生中最重要的导师，他不止一次教导我："你要活得精彩，要敢想，更要去做，成为最好的自己！"从他那儿，我明白了人应该怎样度过自己的一生。在青少年时，探索自己的喜好，了解世界，形成对自己和世界的认识；在中年时，满怀热情、执着投入地在自己的领域畅游，陪伴在亲人和爱人身边，品尝人生的酸甜苦辣，为社会贡献自己的力量，对人类的进步做出自己的贡献；到老年，亦能老当益壮，尽享天伦之乐。在人生的每一个阶段，全心投入、努力付出都必不可少。

自由的成长之路

　　感恩生活，我确实很幸运，成长在一个幸福的原生家庭。虽也曾颠沛，但开明的父母依然让我从小就接触了科学、自然、音乐和语言，也让我有机会在童年遇到了各领域的大师和能人。对音乐的喜爱让我有幸在国外求学时一直在交响乐团和室内乐团参加演出。音乐作为桥梁，让我了解了不同国家的不同文化，甚至与多位演奏家相识，成为一生的挚友。在这样一个充满自由的成长环境里，我能根据自己的兴趣和爱好一直做自己喜欢的事，由此我相信，做最擅长的事得到的快乐是永恒的。

我的音乐启蒙老师宝老师是上海音乐学院的高才生，他那时在乡村里当一名临时的教书先生。偶然的机会下，他开始教我弹钢琴、拉小提琴，日后还让我有机会学习拉低音大提琴。他跟我说："爱上音乐，它会陪你一生。"我父母在我6岁时把他们当时向单位预支的一年工资加上以前的积蓄攒到一起，给我买了我人生中的第一把琴。直到今天我都很感动，他们竟能如此无条件地支持小孩在当时看似不靠谱儿的一个爱好。我还真犹豫过，换作是我，我是否会拿出现在我家一年的工资和以前的积蓄去花在我孩子未知的一个喜好上。在父母和老师的支持下，音乐陪伴我走过了童年、青少年的许多时光。命运有时真是不可思议。到美国读大学时，我曾拿着音乐方面的奖学金在四个州的交响乐团演奏，以及到各地巡演。无论是在兴奋开心时还是在备感压力时，一弹上琴，我就会很快放松下来，马上又充满不能阻挡的力量。

在我的成长路上，老师对我谆谆教诲。他们尽心地教育我，给对数学和化学痴迷的我"开小灶"。那段时光真是快乐，读书、玩乐两手抓。虽说班主任总会对我的贪玩不满意地批评一下，但因为我的成绩没落下，老师也只是提醒一下。就这样，我边学习边玩耍，高中三年拉琴和踢球都没耽误。为躲过老师的检查，我曾借穿男同学的球衣到操场去踢球，短头发的我硬是没被认出来。当时的高中班主任建议我去国外读书，她觉得我能适应境外的学习，能拓宽视野。我的父母对此很支持。于是我就在20世纪90年代去美国读大学了，这在那时还是件稀罕事……

在美国求学时，恰逢跨学科的教育变革。对求知若渴的我来说，横跨数据分析、能源系统和计算机领域的学习实在令人兴奋且有趣。我是如此雀跃，跨学科的应用可以让横向思维挑战现有的盲区。你知道土木工程课上的流体力学模型可以被用到医学生物课程中去跟踪人体癌细胞吗？你知道能源流的数据可以清晰指导不同能源的进出口在智慧城市上的应用吗？——这是个新奇、令人振奋的研究领域。我在之后的职场中还接触了能源运行数据在航空航天火箭发射上的应用，并参与了几个国家的能源数据分析工作，这些不断加深着我对这个领域的理解。一个国家的经济发展要基于实业的建立和发展，而实业的发展对能源系统的依赖度是很强的。国家战略布局要保证能源结构的成熟性，这样才能支撑工业的发展。我发现数据分析如此神奇，它可以引导大家看到表象之下深层的意境。每一个算法模型的应用都直接关系到我们的健康和生活领域，我在这个领域中找到了自己持续多年的热情和事业。

成年的人生路上，同样幸运的我同知己走入婚姻并相互支持、鼓励，一起照顾老人，培养孩子；职场上，我在自己痴迷的领域有幸师从行业引领者，他们带我接触和了解了科技在能源领域的应用。当生活和事业都在正轨上推进时，我没有止步于安然享受这一切。在美国典型的精英阶层的生活方式和路线中，我不曾停止追问自己：我在社会中的价值和意义在哪里？在物质生活充裕的当下，成长的使命和责任让我回到自己熟识的领域。面对环境的污染和下一代因空气质量出现的健康问题，数字化的能源变革是我们这代人肩上要担负的重任，我们要为自己和下一代重新审视使用能源的方式，并做出改变。

可以呼吸的人生

我的童年是在父母下乡的地方度过的，我总记得北方冬天烧蜂窝煤那浓重的煤烟子味儿。出门回来洗把脸，脸盆里的水有灰灰的一层。到了冬季下午，看到的太阳都是褐黄色、灰蒙蒙的。骑自行车路过工厂，能看到一直冒着脏烟的大烟囱。柴静当年的纪录片重现了那时的状况，可那时的人没有改变的方法。

对我来说，青少年时期的记忆一直跟鼻炎治疗有关。不记得从什么时候开始，我从醒来到走出家门一直在打喷嚏，眼睛疼，同时喉咙难受。治疗鼻炎的方式，除了服用那些药物，最直接的就是鼻内穿刺倒流减压，但凡治疗过的都知道治疗中的痛楚和自己端着盘子接那些液体的尴尬。每每想到这里，我都很感谢一直陪我治疗的父亲，他告诉我："只有身体有特殊本领的人才需要这样治疗！"他的幽默曾安慰着十几岁的我度过那段无比难受的日子。这段关于鼻炎治疗的经历持续到我去美国读大学的时候。虽然父母精心地准备了我所需要的药品，但我的鼻炎在换了个环境后神奇地痊愈了，我的呼吸终于顺畅了。我在美国求学、工作了许多年，仿佛都忘记了当年那段时光。可我却没有想到，2014 年我们一家回国后，我的孩子也因为环境引起的肺炎苦不堪言。

我在美国的求学和职业经历，其实一直是围绕着能源领域的。我不知道这跟我早年的鼻炎经历有没有关系，或许它们有一种冥冥中的关联。在美国的这些年，在能源方向的学习让我从系统工程方面充分了解了能源架构的流程，不论是发电端、电网，还是用能端，每个节点都有其节能优化、数字化和智能化的空间。我们完全能够帮助社会从传统石化能源使用的依赖中解脱出来，改为使用分布式能源和清洁能源，使其逐步替代不可持续的煤炭和石化能源。在美国工作的十余年中，不论是在美国能源部、州政府还是在高校和企业中，我多次目睹了新的科技改变传统的模式，这些技术既提高了管理效率，又能节能减排。我也看到，公开透明的数据真实地展示着空气中的尘埃颗粒成分和它们对身体健康的影响。

久而久之，干净的空气成了我习以为常的日常生活标准，那些落在纸上的环境污染数据似乎又跟我有了距离，直到 2012 年的一次回国开会。下飞机当天，还没有倒好时差的我开始打喷嚏、眼睛疼，同时喉咙难受。那一刹那我意识到，久别二十年的鼻炎回来了。那年，我也在媒体上和各类科普文章中了解到国内社会开始热议 PM2.5（细颗粒物），了解到中国能源机构在节能减排上面临的压力。还记得有一次我在北京参加会议，会议室外的 PM2.5 值超过了 400。对当时的我而言，这只是偶尔会遇到的情况，但对身处其中的人们来说，这是他们的日常生活。我心中五味杂陈。

从那以后我一直在想，在这件事情上，我能够做些什么。

　　我在麻省理工学院所学及研究的领域，一直是能源系统的数字化应用。举个例子，你如果戴着健身追踪器，就能知道自己每天做了多少运动，消耗了多少能量。就像能量健身追踪器一样，能源数据也可以帮助大型能源消费者（例如钢厂、水泥厂、化工厂）了解它们的每分钟能耗，并实时调整其运营，保证安全稳定性，既使其经济不受任何影响，同时又能节能。总之，既开源又节流。任何一个复杂的系统都是可以用简单的文字解释清楚的：能源使用都是有记录的，这些引导信息就像我们每天关注的孩子的学习进度，我们可以据此相应地调整策略，以保证其运行正常有效，"学有所成"。现在，当整个社会开始关注人工智能的应用时，当我们探讨一种技术如何深入一个行业并产生影响时，在能源行业，有个问题常常被提出：我们是否可以依托大数据算法模型，通过数字化转型从源头跟进碳排放指数，了解不同的能源系数和能耗使用？可这个并不能对真正的能源转型起根本作用。更多的问题被提出来：我们是否可以通过对实时大数据的分析来推动节能手段的应用，从而达到直接减碳的目的？而使用什么样的算法应用才能在可量化的角度看到结果？这个能否从能源需求侧带动能源供给侧的改变，数据分析和应用能否完成数字化革命的愿景？从科研到商业化应用的技术有一个漫长的过程，需要在不断的尝试中去验证其应用性。这个想法让我激动不已。

　　这些我无法一一找到其准确答案的问题却让我停不下来，事情总是在慢慢探索中呈现本来面目的。2012 年，我着手在国内建立一家以大数据分析为主要业务的科技公司，帮助实现能源优化和智能维网的想法，以支持低碳未来的目标。这个想法让我开始了一段新的旅程。

我也希望，未来我不用再为我女儿可能会得肺炎而担心。

低碳未来：不易的创业路

科技创业之路充满艰险和不确定性。每次挑战又摔倒后，我们都要复盘当时的假设和判断的漏洞，在战略和战术上进行调整。每每遇到挫折，我都会回想当时做这件事的初心——用人工智能和大数据科技颠覆能源系统，抵达低碳未来。这个信念不断激励我敢于梦想和践行，不断拼搏，在做的过程中不断学习并探寻答案。

建立低碳未来，并不是一个遥远的目标。这几年里，我和团队的伙伴们接触了大量的合作伙伴和应用场景，大家对这个领域都充满热情且寄予厚望。从能源使用方入手，我们看到了工业和电力领域运维优化的空间；在选用清洁能源的同时减少煤炭的使用，既能保证用户的能源使用量，又能减少空气污染，一举两得。创业四年，从当初不成形的想法到现在的项目落地，我看到了非常多积极的成果。比如我们的技术产品将工业线上预警安全保障的精准度从 75% 提高到了99%，也就是说，我们能够预知问题并及时处理，这代替了以前发生隐患才来维护的情况。这使得从事高危工作的人员直接减少了 70%，这类人员每年在事故现场的比例在减小，更重要的是，这种方式还能在不影响正常运营的情况下减少 5%~20% 的能源成本。每一次客户告诉我们这些产品技术带来的结果和价值时，我心里总不免一暖。当时的想法就这样在一点点地被验证、实践。

我尽管在美国已经走过创业的路，但回到国内来建立亿可能源，还是不免有各种"水土不服"。有偏差的市场判断和推广中的跌跤，让我在既定的战略面前一次次反思，一次次调整战术。在国外做的技术不能直接套用在中国市场上，要重新推翻一些假设来搭建产品技术路线，这些都在挑战着我和团队的恒心和耐心。我们通过每一个落地的项目来验证应用中的每个环节，产品带给客户的真实价值才是内驱动力。但对于如何理解客户的需求和决策流程，我发现在国外待太久的自己反倒"听不懂中国话了"。很多次我们考虑得太技术化，但没有把很技术化的内容用通俗易懂的话语表达出来，也没能做到站在客户的立场上考虑问题、直击要点。"说人能听懂的话"需要练内功，多沟通，多花时间理解和分析，还要学会多请教。我不断地学习着。

除此之外，作为女性，我也面临着额外的挑战。能源领域在过去几十年一直是个传统行业，我们接触的高层几乎是清一色的男士。作为为数不多的女性CEO（首席执行官），无论是在国内还是在国外，我都曾被客户或甲方问道："你先生不介意你做的事情吗？"我每次都笑笑，告诉他们我的家人很支持我，而对方的不理解尽显脸上。

在创业初期，我曾在怀孕8个月的时候到客户单位开会。一进办公室，服务人员说："你走错了，我们在等王总。"当我回答"我就是"的时候，一屋二十几位男士都很吃惊，尤其是我还挺着个大肚子。经过几个小时的沟通和现场考察，客户表示很喜欢我们的方案，但他们依然对我"都这样了还这么拼"感到很困惑。我一直工作到生孩子之前，这在国外是常态。做自己喜欢的事，我真的不会去斤斤计较投入和回报，但很多人并不能理解。我确实给了我的客户很多不舒服的感受，包括在生了孩子后曾带着孩子去参加国际会议，也曾扛着背奶包出差，以确保孩子有充足的"食物"，我也能做我的工作。但我依然相信而且在用行动证明，这些都是可以平衡和同时推进的。

社会文明的发展程度已经越来越高了。我们可以看到现今中国的发展，无论是政府还是企业，都对环境有了显著的关注和重视，意识到能源消耗和碳排放影响与经济发展是要平衡的。全球各国都对气候变化的严峻程度提出了自己的战略方案，而不接受气候变化说法的政客都无法直面眼前的事实。大众的环保意识提高，更多人开始寻求如何逐步建成零碳社会。暂且不说零碳实施的困难，从现状推进到低碳，最终到零碳，这是有可能达到的。就像我们从人类驾驶发展到人机共同驾驶，最终到无人驾驶，这个变革已经是可预见的，甚至正在发生……想到这些变化，创业的艰难仿佛也不那么可怕了。

我在美国生活了很多年，回国重新打拼的过程对我、对家庭都是一个不小的挑战。幸好家人很支持我的想法，一直在身边陪着我。而我也时刻要求自己，无论多忙都要定期留出"家庭时间"、"约会时间"和"母女时间"，确保自己对所爱的人的高质量陪伴。毕竟，他们一直是我最重要的力量来源、前行的动力和互相陪伴的人生伙伴。更何况，做好自己，有时也无形中成为对身边人的一种激励。2018 年，我去菲律宾领取"亚洲新能源领军人物"奖，顺便带家人休假。领奖时，我的大女儿北辰在台下，她听着我的发言，很骄傲地跟身边的人说："That is my mom！"（这是我的妈妈！）自此，她就一直说她要成为科学家，要发明一种可以自己发电的材料，让她生活在木星。我们的下一代会过上怎样的生活？我知道一定比我们这一代更神奇、更精彩！而我们也要给下一代一个更好的生存环境去实现他们的蓝图。

在最遥远的地方回归本质

"乌斯怀亚号"继续航行在南极半岛，我很荣幸在老船长的许可下开着船，我想，那些探险家在寻求心中的那条路时，不就跟我们"探索一条应对气候变化的路"如出一辙嘛！最好的方式就是在摸索可行办法的道路上完成自己应承担的使命！我望着湛蓝的天空，感受着身边一群有着深切社会责任感的女性传递出的热情，想起自己在被问及"为什么要参加'家园归航'项目"时的回答：回到最终的本质，作为人，应该对地球有所关心，而不只是关心自己、家庭和所在的区域。关心南极，相当于关心全球环境变化。我们要保证良好的环境可以更持久，为下一代负责。南极的变化可以让我们意识到我们看不到的潜在威胁，从而更积极地采取行动。

我希望每个人都懂得珍惜现在的生活、环境和健康。我也坚信，我们这一代就能看到低碳未来，呼吸到清洁的空气，享受幸福而自由的人生！

［关于王春光：“家园归航”第三届成员，亿可能源创始人，能源领域的大数据应用 AI（人工智能）专家。爱音乐、爱旅行，是两个可爱女儿北辰和美辰的妈妈。］

路漫漫兮，真挚前行 卢之遥

　　父母给我起名叫卢之遥，他们在开玩笑时会说这个名字的意思是让我滚远点儿，在认真时会告诉我，这个名字的寓意里包含了"路漫漫其修远兮，吾将上下而求索"，包含了"路遥知马力，日久见人心"，也包含了对遥遥领先的期许，希望我能触及遥远的地方，走好长长的人生路。如今，我走在自己热爱的环保公益路上，满怀热情地做着我认同的环保工作。我走到了世界尽头的南极，探寻人与自然最纯粹的关系。回头想想，此刻的我，是不是我想成为的自己？一路上，我经历了怎样的成长、困境、执着和转变？一路走来，我有没有实现儿时最初的心愿？

　　"你长大了想当什么？"这是每个孩子都会经历的"灵魂拷问"，我人生中曾被问及两次。我三岁时，父母带着我在人民广场上游玩，我突然被拎到垃圾桶上站着并被"拷问"，我转头看到广场上另一个和我一样站得高高的人，那是毛主席的雕像，于是回答，我长大就当毛主席吧。第二次是被幼儿园老师提问，我妈在接我放学时被老师告知，"你女儿说长大了要当毛主席"。大人们估计是认清了我没法儿正经回答和思考这个问题，在我接下来的人生中，我再也没有被问过想成为什么样的人，于是我开启了顺其自然的随机成长模式。

　　家里买手风琴让我学习乐器，我只记得手风琴抱着挺沉，至今还不识五线谱；学习舞蹈，我下不了腰也劈不了叉；学习毛笔字，我模仿隶书、行草等各种字帖，书法没有自成一派，倒是练就了现在龙飞凤舞的字体。然而，从小有一件事总是能让我感到欣喜，那就是到自然环境里去认知和感受自然。在野外山林里奔跑，在小溪里蹚水，小松鼠冲我扔松果，抬头看鸟儿飞过蓝天，这些都是我最纯真的快乐和美好的记忆，我小时候最多的照片就是在碧水蓝天中灿烂且放肆的笑脸。带着这份对大自然最纯真的喜爱，普通话还说不太明白的我，在贵阳市小学生演讲比赛上用一口"贵普话"真诚地演讲："我要为了美好的地球家园保护生态环境！"纵观我的小前半生，我也就对这一件事情说到做到并坚持了下来。

拥抱自然，摄取能量

　　要真正保护生态环境，我能做点儿什么？我用了十余年的专业学习来一点点寻找答案。不断认识和了解自然，探寻人与环境的关系，在每个不同阶段获得更深入的认知，一次次加深着我对环保领域的热爱。同时，我也越发看到自然的脆弱，因它受到破坏而失望，因想促成即使是小小的改变所面临的困境而沮丧。而每一次，爱与憎交互幻化出的力量，都使我重拾希望继续前行。

　　在贵州长大的我，见多了绿水青山，上大学时，我选择去滨海城市青岛，在中国海洋大学读海洋生态学专业。在青岛，我第一次见到了大海，也开始认识海洋。我在课堂上学习海洋生物和海洋生态系统，最令我激动的是随海大的科考船出海实习，科考船漂在平静的海面上，我们清晨到甲板上看漫天金红的海上日出。船上的科学家会介绍开展的海洋研究，描述曾经围到船边来的一群好奇的海豚，最难忘的是听他们讲在南极度过极夜的故事。从小莫名喜欢企鹅和向往南极的我对此无比羡慕和仰望，心想，我有没有可能去南极看企鹅？然而，我看到的是塑料垃圾对海洋的侵蚀，海洋生物因为污染而无法生存，美丽多彩的珊瑚礁变成白色坟场……太多触目惊心的场景，令人揪心。而这些污染也正在影响人类的健康和生存环境，和我们每个人息息相关。面对这些，我们该如何做出改变？

在中央民族大学读硕士期间，我来到云南西双版纳的布朗山，研究老班章村里的古茶树及原始森林里的传统药用植物。我清早背着标本夹和干粮出门，与当地专家和布朗族村民在山林里鉴定物种，采集标本。布朗族和哈尼族世代生活在这山间，与这片山林相依生存，这里处处体现着他们与自然和谐共处的智慧和经验。这种人与自然共生的美好弥足珍贵。完成工作后，需要赶在天黑前返回村里，我腿短走得慢，赶不上大家的步伐，一个人掉队，走了几个小时的山路。一路上，我有小灌木丛、蘑菇、野花、鸟鸣的陪伴而不感到孤单，也感叹着自然给予了我们太多的馈赠，无论是在偏僻山村还是在繁华都市，我们都享用着食物、水和空气等自然资源，人类有什么理由不去保护自然环境而是肆意地破坏？我们应该用怎样的方式和自然相处呢？

走在路上，远远看到山那头村里的灯光和飘出的炊烟，我鼓励自己加快步伐。晚上，在村主任家聊完古茶树和植物用药，我独自走到村子另一头的村民家里借住。漆黑的小径上，我借着手电微弱的灯光胆战心惊地挪动着步子，每家的狗远远近近都吠了几声。正想努力快速走完这段黑路的我，无意间抬头望向夜空，发现罩着我的是一整片璀璨的星海，漫天繁星点缀，浩瀚银河清晰可见，感觉与我就在咫尺之间。我呆呆地仰头望着，头上这片星空扫除了我一天的疲惫，一股勇气和力量涌入心房。我是多么幸运能置身于如此美丽的自然景象之下，在接下来的人生路上，我也多次从这片星空中获取过能量。

　　在继续深造的路上，我有两个选择：接受美国佛罗里达大学人类学博士研究生的录取，或者继续在中央民族大学"死磕"我学了很久的生态学。虽然有各种现实原因左右着选择，但是我想我内心对自然环境的执着还是影响了我最终的决定。我将博士研究生的研究课题地点选在了贵州省黔东南苗族侗族自治州的雷公山上，在森林里打样方、采样品、测数据，在村里填问卷、做访问、查资料，研究不同的林权制度与森林生态系统及当地苗族村民的关系和对其的影响。然而，随着学习越来越专业化，我的学业和研究却成了我遇到的最大挫折。

被压力逼出的潜力

　　原本三年的学制，在我博三公派去耶鲁大学联合培养后回国时已经超了半年，毕业资格要求的多篇学术论文、英文 SCI（科学引文索引）文章的发表和毕业论文的撰写我都还没有完成。更让我苦恼的是，这一切必须达到的要求都不是我擅长的，我注定要延期毕业。同届的同学，甚至晚我一届的学弟学妹，都按时毕业离校了，而我还在和数据处理分析、文章撰写这类我不擅长的学术工作较劲。这时，学校不再给延期毕业的学生分宿舍，我需要三天两头"打游击"。家里人开始埋怨别人家的孩子都有工作了，而我为什么读了这么多年书还毕不了业。我陷入自我怀疑中，还产生了"既然没有热情去完成剩下的任务，那就干脆放弃"的念头。

面对艰难的外部条件、众多质疑和自我否定，我的眼前似乎不太光明。回想起布朗山上那片星空，夜幕越黑，星星就越闪亮。我想，如果我不竭尽全力迈过这道坎，在接下来的路上，我要怎么阔步前行？要么认输，要么改变！我选择逼自己一把，必须完成博士研究生学业！我原本做了延期一年的准备，现在决定只给自己半年的时间！

接下来的几个月里，我憋着一股劲儿加速分析实验数据、看文献、写文章、改论文，每天从早到晚泡在实验室，困了就在沙发上躺几个小时，天亮了继续开工。都说女博士"白天愁论文，晚上愁嫁人"，而我白天晚上都在愁论文。最终，中文学术期刊、英文 SCI 文章和毕业论文我都完成了。当论文通过了盲审，我成功结束毕业答辩的时候，导师欣慰地对我说："我本想着你明年能毕业就不错了。"

这一段拼命努力的日子里，我不仅完成了学业，也更好地认识了自己。原来，我是可以激发出自己的力量来战胜困难的；原来，竭尽全力完成了看似不可能的事情的感觉这么好。

但是，依然有一个问题横在我心里：通过学术科研来更深入地研究生态环境问题，到底是不是我想做的？

跟随内心选择使命

走出象牙塔，我面临就业的选择。大多数博士研究生在毕业之后会顺理成章去高校或科研院所，我跟随着这个步伐，也拿到了一份高校工作的邀请。我身边的老师、同学、家人，甚至陌生人都在告诉我，女性进入大学当老师是最好的职业选择，既稳定又光鲜，而我却迟疑了。

社会给大学教授贴上了一个光鲜的标签，但对我而言，成为一名科研人员是我追求的梦想吗？我内心最深处的声音回答说，我其实不享受学术研究，我的热情来自具体的行动，我期待的是通过执行具体的环保项目来提升公众的环保意识，推动更多行业的改变，解决真正的环境问题，改善人与自然的关系。于是，我抛开外部的声音，遵循自己内心的选择和判断，一头扎进了中国本土环保公益机构北京市企业家环保基金会（SEE Foundation），开始了我的第一份工作。刚入行的我感觉自己像一块海绵，有太多的新知识和新形式需要吸取。在这个过程中，我看到十年如一日在一线开展环保工作的小伙伴的执着，看到企业家们为了碧水蓝天做出的实际改变，看到更多的公众被影响而做出的环保行为，这些都鼓舞着我坚定地走在这条道路上。

我在 SEE 中参与的工作包括推动企业建立绿色供应链和开展应对气候变化的行动，推进垃圾治理和污染防治等项目。我带着对这个领域的认同和热爱，全力学习和成长，希望能为环保事业创造一份价值。同时，身在其中，我也看到了诸多存在的问题，所以我越发珍惜这份使命感，希望能和中国的环保机构、公益行业一起成长和改变，为创造一个更好的世界而努力。不知道从什么时候起，我在机构有了个"卢公子"的外号，虽然它听起来并不温柔可人，但是我却莫名地喜欢，感觉它无形中在为我更勇敢地面对各种挑战而助力。

我越是深入了解，就越意识到生态环境问题是全球性的。攻读博士学位期间，我有幸入选国家公派留学项目，到耶鲁大学进行联合培养，在耶鲁的学习让我得以从更多元的视角和不同维度来认识环境问题。在环境外交和全球环境政策的课堂上，教授引导我们探讨如何就气候变化、海洋保护等议题开展全球化治理，带领我们到联合国组约总部听取各国代表的见解和实战经验。而我发现，无论是课堂讨论还是研究课题，中国的环境问题和政策表现都一次次被提及，例如中国空气污染的治理进程，中国是否在规范野生动物贸易市场，政府应对气候变化的政策如何，等等。每次在这样的话题氛围中，大家的目光都会聚集在我这样的中国留学生身上。我越来越体会到在全球环境治理中，中国是不可或缺的一部分，我也感受到了小小的压力和使命感。当时，我的同班同学，一位来自不丹的女生将我们讨论了一学期的发展中国家通过减少砍伐和毁坏森林来减少碳排放的计划（REDD+）带回了她的国家。在不丹这个森林覆盖率达到 70% 的国家，推动这个计划的落地尤其重要，她为自己的国家贡献着她的价值和力量。我也在思考，面对当今具体且紧迫的环境问题，交完作业、走出课堂，我还能做些什么？我能否像她一样和我的国家一起行动？

2019 年，我参与了中欧民间组织交流项目。在德国柏林举办的一场公开活动上，原本是中欧两方就共同的社会和环境问题进行沟通和讨论，却因为个别发言人提及敏感的中国政治问题，活动氛围被带得很政治化且不太友好。中国代表团的一个朋友勇敢地离场以表抗议，而我是接下来讨论环节的嘉宾。在微妙的气氛中，我决定上台参与这场讨论。

果然，无论是主持人还是欧洲观众，都将关注点集中于中国，提出了诸多对中国环境治理的疑问。他们询问中国政府是否让民间机构参与气候变化议题，问中国青年为什么从不参与国际青年的气候游行，质疑中国的"一带一路"倡议就是转移污染，质疑中国的企业只是在"洗绿"。其实这些问题的提出体现着欧洲民众普遍对中国缺乏了解，甚至带有误解。得益于在工作中的积累和观察，我有足够的底气客观真诚地回应台下一道道关切的目光。我告诉他们，我是一位在中国民间环保公益机构工作的人员，请他们相信我比在座的每一位欧洲人都更在意中国环境治理的成效，很高兴能有机会告诉他们我在中国所经历、参与和看到的。中国在全球应对气候变化议题上正起着引领者的作用，民间组织的力量被中国政府视为很重要的部分，我工作的机构就直接与政府进行沟通与合作，双方互相补充和支持。也正是在这样的主流政治氛围下，中国的青年没有再去游行抗议，例如，中国青年应对气候变化行动网络 [①] 所做的，就是影响中国几十万名大学生，使他们切切实实在高校里开展低碳校园的行动。中国青年不仅呼吁和倡议，还践行切实的行动。"一带一路"倡议很注重绿色发展。除了政策和原则，还有民间机构专门对绿色海外投资进行监测和评估的项目。现在中国环境信息的公开和透明，以及环境数据库的建立，都让企业很难去"洗绿"。相反，我们通过建立绿色供应链等具体的行动去推动企业的可持续发展，越来越多的企业将绿色低碳视为一种竞争力。以上这些都是中国社会各界在环境问题上做出的努力和实际行动。一个半小时的讨论结束后，我得到了全场的掌声和赞许，其实我并不确定我的回答是否帮中国赢得了理解，但它是我给自己的一份

---

① 中国青年应对气候变化行动网络，简称 CYCAN，是中国第一个针对青年参与应对气候变化的组织，于 2007 年 8 月由 7 个中国青年环境组织结合各自应对气候变化的优势资源共同成立。——编者注

答案。

环境保护是全世界的责任，各国相互加深了解，建立国际合作，往共同的方向努力十分重要。当我有机会做那道沟通的桥梁时，我有这份责任和义务来发声，自信地告诉国际社会我们所做到的，也坦然面对我们所欠缺的。

在 2019 年年底召开的马德里气候大会（COP25）上，我坐在会场，看着联合国秘书长古特雷斯与国际空间站总指挥实时视频连线。从太空看，我们的地球无比美丽，又十分脆弱。全人类可以合作创造顶尖的技术探索太空和宇宙，为什么不可以一起携手守护好我们宝贵的家园？我们每一个人其实都能贡献这份力量，都承担得起一份责任。

怀揣期待行向远方

从小喜爱企鹅并憧憬南极的我，通过"家园归航"实现了去南极的梦想。这一趟充满爱、成长和探索的行程，甚是美好。回想在南极的一个下午，我们坐着橡皮艇漂浮在波光粼粼的海面上。远处是万年的冰川，眼前是灵动的浮冰，温柔的阳光洒在脸上。两头座头鲸毫无预兆地在我们身旁不远处浮出水面，听着它们畅快地呼吸、吐水的声音，看着它们那代表性的美丽尾鳍探出海面，划出优美的弧度又没入水中，我静静地融入这个场景。那一刻，我再次深切地感受到了和自然最纯粹的联结。自然给予过我太多的爱和能量，我只希望能回馈我的爱，守护自然的美好。我只希望，未来的孩子们都能在树林里看到松鼠扔松果，能去森林里认识多样的动植物，能感叹珊瑚礁的五彩缤纷，能抬头看到绚烂的银河，能目睹座头鲸跃出水面。

虽然卢之遥这个名字蕴含着走向远方的寓意，但我也从没预料过，我真的能触及遥远的世界尽头。你是否也感觉，南极离你太遥远？但你可知道，你的日常行为正在影响南极？你的生活其实和环境保护有着千丝万缕的联系：你减少使用一次性塑料制品或低碳出行，能帮助减少温室气体的排放，减少南极冰川的融化；你随手的垃圾分类，能让海洋生物得以生存；你对野生动物的保护，也许就能避免人类遭受未知病毒的伤害。我们需要对自然怀有敬畏之心，需要采取切实的环保行动，需要携手守护共同的地球家园。

路漫漫，让我们怀揣期待与梦想，向着远方和未来，真挚前行。

（关于卢之遥："家园归航"第三届成员，热情且执着的环保公益人，热爱生活的多面女性，喜欢探寻世界的旅人，不能吃辣的贵州人。）

身体力行，协行方远

王怡婷

> 世界是你们的，也是我们的，但是归根结底是你们的。你们青年人朝气蓬勃，正在兴旺时期，好像早晨八九点钟的太阳。希望寄托在你们身上。

——毛泽东，1957 年初冬

在很长的一段时间里，我一直把自己当作一个"假小子"。不知道是因为母亲总是把我的头发剪得很短，从来也不给我买裙子，还是家人听从了"把女孩当男孩养"这样的"民间智慧"，抑或是不慎听到当年奶奶得知妈妈怀的是个女孩时的沮丧，我似乎也就认同了这样的定位。我时常有个感慨：我要是男孩就好了，那我就能在外面跟小伙伴摸爬滚打到更晚才回家，长大以后可以有更多专业和职业的选择，可以去做更多刺激的事情，甚至——就像现在诸多环境公益同行都有过的梦想——乘上绿色和平的"彩虹号"，去阻止他国的捕鲸船。总之，没有那么多人会对我的选择指指点点。虽然不能改变性别，但我仍然要做男孩可以做的事情。带着一丝逆反心理，生长在"少不入川"的"天府之国"成都的我，毅然在高中时决定要走出国门，求学于远方。读万卷书，不如行万里路。

"前人栽树，后人乘凉"

我是在美国念的大学本科。入学之前，学校给所有新生布置的任务是阅读一本夏日读本——《纽约时报》专栏作家伊丽莎白·科尔伯特（Elizabeth Kolbert）的《来自灾难前线的笔记：人、自然和气候变化》（*Field Notes from a Catastrophe: Man, Nature, and Climate Change*）。读完之后，我第一次觉得作者关于全球变暖、海平面上升、极端天气频发研究的总结，以及在和这些变化所带来的负面影响抗衡的前线社会的描写离我所在的现实生活已不远。本来已经定好要主修经济学的我，又多修了一门环境研究的入门课程。第一个暑假放假前，我投递了许多行业的实习申请，都杳无音讯。最后，我凭借自己在成都郊外农村叔叔家的农田里生活过的"丰富"经历，成功说服了位于科罗拉多州西南角的一个有机农场聘用我做实习农民。三个月300美元的补助刚刚够我买往返机票，农场管吃住。我还清楚地记得我从丹佛坐上一辆长途公交车，翻越落基山，经历8个小时的颠簸后，最终被扔在了一个叫杜兰戈的地方。我的主管艾比是一个脸上皱纹沟壑纵横但其实只有五十出头的强悍女人。第一眼看到开着似乎下一秒就要散架的皮卡来接我的艾比时，我深深吸了一口气。

我每天的工作大概是上午赶在被这里高海拔半干旱地区的烈日晒晕之前为绵羊群搭建临时放牧区（为避免过度放牧，每个小羊群每两天换一块草地），下午两三点以后开始除杂草，到傍晚叫回山羊群开始挤羊奶。为了降低甚至消除对化石能源的依赖，这里没有拖拉机，而是启用一批大马来耕地；不用除草剂和化肥，而是用实习劳动力和堆肥取而代之。我最期待的事情是每周六我们几个人开卡车去杜兰戈的农民集市卖用于做沙拉的菜叶、各种香草配料和其他在那周收获的新鲜蔬菜。在还不知道羊驼和美洲驼是什么动物之前，我就已经被这两种牧场必备家畜的奇特形象征服了。它们和牛羊混在一起，会首先察觉各种惊动和潜在的捕猎者的脚步，放出让大家警惕的信号。羊驼的个性尤其突出，喜欢以吐绿色唾液的方式来警告同伴或者人类：别来烦我。

在这里，我遇到了几位意料之外的美国人。农场的创始人是曾参与曼哈顿计划的核物理学家，他留下一部分遗产交给家人，让其负责经营这块可持续农业的实验田地。当时的几个经营者中，有大学毕业多年、从事有机农业的专业种植者；有我的主管艾比这种，从自己父辈那里学到了如何用最简单的方法经营土地；还有留着脏辫、追求嬉皮精神的一家三口，他们经营农场只为在后现代世界里找到一点儿本质生活。这里的土地并不肥沃，但得益于邻近的灌溉资源和一群追梦者，一块绿洲由此而生。农场里的一位来自加州的大叔凯尔告诉我，这片土地和这里的人们给予他诸多生活的动力。当地的纳瓦霍人有句谚语——"你创造你的现实"。没有想不到，只有做不到。在一个农业高度工业化的国家里，当人们慢慢开始反思被单一物种、机械化、转基因、农药化肥依赖"绑架"的现代粮食生产所带来的各种环境污染、生态失衡和营养流失时，一些年迈的有志者和气壮的青年决定用自己的双手在传统和现代化之间创造另一种可能。现今美国大部分的超市里都有有机鲜蔬的柜台，也有越来越多的消费者愿意为其支付溢价。在消除饥饿和农业可持续发展之间应该有多条道路可以通往"罗马"。

带着这个信念，我一次又一次出发，踏上寻找平衡环境保护和发展的解决方案之路，寻找我在其中的角色。通过学校老师的介绍，我前往位于印度新德里的科学与环境中心（Center for Science and Environment，缩写为 CSE）实习。和主管商量后，我决定写一份当地家用太阳能产业发展研究报告。我对印度一直充满各种想象，好奇这个人口很快能超过中国的国家是如何解决发展和保护的冲突的。令我惊喜的是，原来 CSE 本身就是在印度环境正义运动里的一面旗帜。创始人阿尼尔·阿加瓦尔（Anil Agarwal）是第一批开始关注和报道 20 世纪 70 年代印度北部喜马拉雅地区农村妇女发起的草根环保"抱树运动"的调查记者之一。该地区外来伐木产业的兴起导致了毁林、水土流失，严重影响了依靠薪柴、野味、野菜和其他森林中的资源来维持生计的当地妇女，她们开始结社、"抱树"，阻止伐木工人进场，以抵抗商业伐林者和政府在这里给予的特许经营权。多年后，印度著名的女性生态主义学者范达娜·席娃（Vandana Shiva）在她的《生生不息》（Staying Alive）一书中评论道，"抱树运动"是一场妇女引导的生态运动，它甚至早于 1972 年在斯德哥尔摩召开的联合国人类环境会议。这些无名无权的朴实角色反而成为印度反思其发展模式的先驱之一。而 CSE 的主要方式便是通过深入浅出的报道来教育公众，唤起社会对弱势群体和无法发声的自然界成员的关注，引入对如何平衡发展与环境保护、进步与公平等诸多问题的思考和讨论，并把这些被边缘化的人纳入解决方案设计的核心。虽然我的调研报告因为获取原始数据渠道有限而最终未能发表，但是在 CSE 的这一个多月让我认识到了一些跟西方引领的环保主义运动完全不一样的角色和演变轨迹。

有人会说，中国和印度这两个发展中大国似乎最终都无法避免西方国家的"先污染，后治理"这个发展模式。在"女人能顶半边天"的解放思想下和改革开放的春天里成长起来的我，经历了父母在国有工厂私有化之后的"光荣下岗"，也收获了中国经济迅猛发展下私营企业发展和中国中产阶级结出的果实，才有机会成为成千上万个去海外深造的中国留学生之一（虽然有全额奖学金，但父母用积蓄为我提供了宝贵的生活费）。太多前人栽下的树苗，造就了今日中国的这棵大树。然而不可否认的是，我同广大的中国老百姓一样，也是发展所带来的环境污染的买单人（我也不曾经历在成都市区可以看见西部雪山的空气质量）。一边有人在栽树，一边有人在毁林。我通过我的学习和经历不断意识到，在这些代价沉重的现代化和工业化的生产生活消费方式之外，还有很多创新和传统兼具的技术治理手段及意识文化，可以在人类工业文明不可逆转地破坏地球的生态平衡之前，扭转乾坤。

"绿色中国，少年中国"

中国国家环境保护总局前副局长潘岳曾经在 2007 年阐述中西方现代文明与环境保护的冲突的核心和中国环境治理的出路，他提到："一个可持续的、公平的、民主的、和谐的社会主义绿色中国只能在你们这一代手中完成。我相信，一个绿色中国，同时也必然是一个少年中国！"带着这份"少年绿则国绿"的意气和信念，在那之后的多年里，我大致穿梭于倡导者、创业者和研究者这三种角色之间，试图找到答案。

2009 年在华盛顿特区全球青年绿色能源转型大会上的一次偶遇，让我成为中国青年应对气候变化行动网络的一名志愿者。2009 年秋，在机构的组织下，40 多位来自各地的中国青年组成史上第一支青年代表团参加了哥本哈根气候大会的谈判，和全世界的环保人士一起呼吁政府、私营部门和社会各界采取更积极的行动，保护我们共同的家园。作为被选中的一员，我为了筹集路费，给校长和其他相关的科系及教学中心写信申请经费；出发前在导师的辅导下，我独立研究了气候谈判的一个炙手可热的议题——碳交易和清洁发展机制。在两周的峰会里，我们和国内媒体合作跟踪报道碳交易、碳污染排放核查机制等议题的谈判；联动美国青年代表团组织了中美青年交流会，与分别会见的中美谈判代表一起敦促中美带领其他成员国达成谈判结果；在会场内布置了各式创意宣传活动，包括上演了一场以"中医诊断"寓意东方智慧推动谈判进程的"表演行动"。但大会结果不尽如人意。一位印度青年这样对谈判的代表说："从 1992 年启动《联合国气候变化框架公约》算起，你们已经用了我将近一生的时间在谈判了！"的确，在参与第一次气候大会之后，我已有些幻灭的感觉：要让全球将近 200 个国家和地区在保护自己选民、产业利益的前提下在全球集体减排行动上达成一致，要让这个谈判机制来算清发达国家工业革命以来的历史烂账，谈何容易？但同时，发展中国家难道也就真的无法避免"先污染后治理"这个陷阱吗？在全球科学家达成共识，气候危机迫在眉睫之际，谁能带领全社会走出"自动驾驶"的僵局？

顶层谈判不易，我试图尝试自下而上的改变。在联合国环境规划署内罗毕总部的传播部门做实习生时，我认识了非洲青年气候变化倡议网络在肯尼亚的成员。这个网络的个人会员和机构成员遍布肯尼亚。我和几个在肯尼亚大学读书的成员一起走访分布在肯尼亚全国三地的网络成员机构，了解它们分别是如何在当地推广清洁低碳灶台和沼气利用的。燃烧不充分的传统灶台每年能导致全球 300 多万人因呼吸道疾病提前死亡，其中大多是妇女和儿童。正是被这些机构和个人鼓舞，我和几个肯尼亚朋友成立了农村能源企业家网络，希望能在倡议的平台下面发起更有针对性的社会企业家支持工作。我甚至休学了一个学期，为这个新网络的建立做筹备，包括给机构注册、讨论组织的运营模式、开发工作和筹资计划。然而宴席组织得快，散得也快。当几个发起人都不得不回到校园时，大家的精力和我的遥远距离都不足以支撑机构化的过程了。虽然在我离开后不久，机构成功注册为一个合法非政府组织，但它几乎没有再开展过任何活动。

　　在这之后，大学都没毕业的我暂时放弃了创业的想法。国际谈判制定的政策方案具体落实并造福于发展中国家的老百姓的道路非常艰难，我决定用更多时间做更深入的学术田野调研，更系统地了解是什么使一些项目成功而另一些却失败了，哪些因素和国际层面的政策方针有关，在地经验和平民之声如何能更好地贡献于政策的决策过程。带着这些问题，我两次回到肯尼亚，去了乌干达，又重返印度（我去了当年"抱树运动"盛行的印度西北部喜马偕尔邦，通过一系列问卷和人种志的调查手法，了解当地一些社区是如何接受新技术的，以及碳交易机制资助的技术如何影响了当地妇女和社区，如何可以更合理、更公平、更有效地设计政策和机制）。一方面，我发现大多数的政策和技术发明经不起推敲——要么难以落实，要么会产生难以预料的负面影响，也可能产生新的问题，这让我一度觉得也许任何行动都是徒劳的。另一方面，在探寻了更多的商业和创新模式之后，我也认识到，发展中国家能源变革之路面临诸多挑战，但同时充满机遇。舞台很大，能容下失败的案例，也不乏成功的喜悦。通过发表同行评议的文章，我也和调研伙伴们分享了我的研究成果。

　　研究生毕业以后，我很幸运地找到了较好结合了对上述三个问题的研究的一份工作——我加入了世界自然基金会北京代表处，为中国领跑全球革新项目做项目战略开发、发展和运营。目前，中国在加速参与全球化进程和与其他发展中国家进行经贸合作（包括"一带一路"倡议）。中国的资金、技术和发展模式如何真正为当地带来可持续发展，避免西方传统的发展模式及中国在之前的经济发展过程中所付出的巨大环境代价，这些问题正是世界自然基金会所关注的。我协助项目主管协调一个有20多人的团队，利用政策、金融、市场等手段，探索促进投资贸易绿色化的途径。然而这种工作策略的挑战也在于，要用顶层政策去影响中国企业在非洲某个国家的行为很难，因此变化比计划快，而如果从某家企业或者某个示范项目开始，苦心经营的成本也不一定能换回可复制的成效。

"最坏的时代，最好的时代"

　　南极不仅是气候变化对地球影响的最前线，也是我人生的一个远方。因为气候变化的严峻挑战是推动我走上环境保护这条"不归路"的重要原因，我也一直对南极这片作为气候灾难最前线的广袤大地充满想象与期待。我不曾想到在近代的南极探险、开拓和科研的历史里，女性是如何被拒于其外和从人们对南极的想象中被抹除的。在不久的过去，我偶然明白，原来我拼命希望自己是个男孩的梦想其实是一种"厌女症"，也就是连女性也看不起女性，不认为自己可以走得很远。能同 80 多个来自世界各地的女性踏上南极的征程，这得益于一代又一代推动社会政治经济和科技进步的男男女女，也是我坚持不懈，努力不被社会框架的洪流淹没的结果。

在船上的三周里，领导力课程给了我们难能可贵的自我认知的机会，让我们找到最适合自己的集体协作的方式，回到自己所在社区带来更多的改变。合作、包容、倾听、考虑长远等品质，正是解决当下纷繁复杂、多利益纠结的议题与全球环境问题所急需的品质。这个世界呼唤更多的女性领导人，而这些品质不只属于女性，也不一定与生俱来，而是人作为一个社群物种可以后天学到的。在南极的时候，最考验这些品质的时刻往往是大家遇到分歧的时候。队员们争论过"乌斯怀亚号"前进的方向，估测了项目最终的产出，也讨论了导师教学的方式。尽管反思过程让人痛苦，但我们仍能达成一致或是能够照顾到每个人的感受。这些都是值得我这个社会实践者学习的。

最后，对于为什么要有女性领导力的项目，我也有了切身的体会。很多时候，女性会害怕把自己置于聚光灯下，怕自己的言论受到抨击。正是这种脆弱和不安全感让我们难以踏出"舒适区"。有意和无意的性别歧视都是阻碍女性发展的一个因素。很多女性的特质，比如合作精神、包容、关注长远，在解决社会问题中扮演着重要的角色，母性的生理因素会让我们更多地考虑社会的繁衍。我们害怕当我们提升个人曝光率的时候，我们对世界来说更加可见了，而当我们更加可见时，我们也更容易被触碰，当我们更容易被触碰时，我们就更容易受到伤害。所以，我们必须要意识到，如果我们不能够卸下保护自己的盔甲，我们将难以和更多的人勇敢地对话，也难以承担更大的责任。

有人说我们生活在一个"最好的时代"：在中国，国家崛起，人人奔小康的目标触手可及，生态文明的蓝图振奋人心；国际全球化，科技现代化，没有想不到，只有做不到；限制女性的"玻璃天花板"被不断敲碎。也有人说，我们生活在一个"最坏的时代"：中国经济遇到发展瓶颈，中国崛起面临四面楚歌的形势；全球气温"蒸蒸日上"，水资源枯竭，土地受到污染，塑料污染严重，渔业崩溃；"文明的冲突"火花四溅，种族关系紧张……个人与国家的命运、国家与环境的命运前所未有地被捆绑在了一起。我希望成为一个能给他人赋能且能促进团队作战的人。纷繁复杂的公众环境议题需要更多人参与，需要团队和集体努力。我们面临的许多危机都是追求个人或者小部分群体的利益最大化造成的。我们不需要呼唤英雄。我只希望作为一个"授粉者"，能更多地激发集体的意识和力量。就像那句非洲谚语所说的："独行快，众行远。"

（关于王怡婷："家园归航"第二届成员，参与过四大洲不同的环境保护组织的工作，推动全球环境治理的公平性、可持续投资与贸易、科技与社会创新。于2009年加入青年应对气候变化行动网络，现任理事长，帮助组织青年代表团参加联合国气候变化谈判，践行民间外交。）

第二节　生物多样性

如果我的人生是一本书　　　　　　　　　　　　　　　王丽

　　"如果你的人生是一本书，你是作者，那你要如何书写你的故事？"这个问题来自一场 TED[①] 演讲，演讲者是一位失去双腿却成为职业滑板滑雪运动员的美国女孩埃米·珀迪（Amy Purdy）。我想，如果我的人生是一本书，书名就叫"向外探索世界，向内探索自己"。这句话很恰当地诠释了我过往 30 多年的人生。

　　我的故事始于平凡、封闭、懵懂、局促和克制，如今，这个故事慢慢走向开放、勇气、智慧、慈悲和爱。它有一道特别明显的分水岭。站在这道分水岭上，回望两边的山，那是迥然不同的风景。南极

① TED 是美国的一家私有非营利机构，该机构以它组织的 TED 大会著称，会议的宗旨是"传播一切值得传播的创意"。——编者注

之行，正是这道分水岭的一部分。

向外探索世界

时间倒回 2003 年，刚刚 20 岁的我在武汉大学第五教学楼的黑板前撞见一则广告。大意是一个物理系的男生想找一群志同道合者在暑期进行一次从长江上游到长江下游的自行车骑行之旅。也不知道是哪根神经被触动了，我报名了。年轻的我们先在周末设计了武汉周边的一些骑行路线，在到达目的地后爬山、涉水、徒步、畅聊，好不惬意。这些愉快的经历坚定了我完成暑期大骑行的决心。我顺理成章地成了出发成行的六人中的一个。我们一路上目睹了人类行为给环境造成的巨大破坏。这次经历一方面让我发现自己身上的冒险因子，另一方面让我看清"拿着小白鼠测试各种药物的正副作用"并不是我的热情所在，从事与生态环境保护相关的事情更能激起我的兴趣。

后来，在一次同学之间的问卷调查中，我被问到"你的梦想是什么"。年少气盛的我认为，"梦想太小的话，实现起来就没意思了，管它能不能实现呢，先写下来再说"。我在纸上写了三个地名：南极、北极和珠峰。当时的我绝对想不到的是，写下来的梦想有一部分竟然实现了。

在报考研究生时，我听从大学生态专业老师的建议选择了中国科学院植物研究所。虽然命运之神将我从生态专业调剂到偏重于研究植物多样性的进化方向，但我在那里度过了快乐而充实的研究生生涯。攻读博士学位期间，因缘巧合之下，我开始研究分布于青藏高原的一些蕨类植物，导师也给了我很多去青藏高原出差的机会，我得以遥望梦想中的珠峰。

　　后来，我申请到两个读博士后的机会，一个是在德国研究南美洲野生番茄群体进化的实验室，一个是在美国得州研究一种生长区域能分布到北极的杨树的导师实验室。我选择了后者。于是，我去了阿拉斯加的费尔班克斯，跨过了北极圈，踏上了北极的土地。

　　2017年3月末的一个晚上，一条朋友圈的转发消息吸引了我的注意——"'家园归航'南极女科学家行动正在招募"。这个项目将我喜欢的野外科考和环境保护两个因素结合了起来，同时，我也深刻意识到领导力是多么重要的一种能力，这正是我需要不断有意识地去培养的。我立刻从沙发上跳起来，第一反应是"好想去"！可是我研究过的蕨类植物、杨树和玉米这些在南极都不能生长，我怕是不够格。朋友鼓励我："你绝对可以！"当时我想，好吧，这不是一个十年的项目吗？我从今年开始每年都申请，直到项目截止，我一定能申请成功。

　　申请后的等待过程比我想象中的漫长。曾经有那么几个星期，我眼睛一睁开就去查邮件，看看结果是否已经出来了。我也曾无数次预想，如果能够申请通过，我会喜极而泣吧。终于，一天清晨，我收到了来自澳大利亚通知入选的邮件。这时我倒很平静了，没有引以为荣，也没有喜极而泣，只是觉得幸运与感恩。我不知道评委看中了我哪一点，相比第二届入选的其他人闪闪发光的简历，我的人生经历实在显得苍白而单薄。是申请材料中透露的真诚，还是那段两分钟的自述视频给我加了分？无从得知原因的我暗暗对自己说，既然选上了，我就要让自己配得上这份荣誉。

　　然而，2018年2月，我没能如期出发去南极。1月中旬，我开始忐忑，我究竟能不能顺利拿到回美国的通行证？当时的情况是，我和丈夫分居于美国的两个州，我一个人一边工作，一边带着4岁的大儿子和7个月大、还在吃母乳的小儿子。我们的计划是，我去南极的日子里，丈夫请假一个月飞过来陪伴孩子。结束南极之行后，我们一家一起搬到我丈夫所在的州。如果拿不到回美国的通行证，那就意味着一个月的南极之行后我要飞回中国申请美国签证，才能再回美国与家人团聚。而对我这个专业的人来说，从申请到拿到美国签证通常需要一个月。

　　我连续好多天眼巴巴地检查信箱，终于在一个周四收到一封薄薄的信。我满怀希望又小心翼翼地拆开信，上面写着："由于申请材料的堆压，现在还未审理到您的材料，如果60天内还未有进一步的消息，请与我们联系。"这些字句如同给我当头一棒。当天晚上安抚两个孩子睡下后，我辗转难眠。

　　这对我来说意味着两个选择：第一，抛开身后的一切琐事，不顾一切去完成这次计划良久的旅程，留下丈夫和两个孩子单独相处至少60天并面对一团乱麻，包括搬家；第二，放弃这次旅行，留下来承担家庭中的责任。前者指向我的自由，我将甩开爱和责任的"包袱"，去实现自己的夙愿，像《月亮与六便士》里的主人公一样。后者则指向爱和责任。爱是什么呢？在夜不能寐的辗转反侧中，我明白了爱绝对包含"放下自我，成全他人"。刚刚经历过"一拖二"（一个人带两个孩子）的一个月，其中的酸甜苦辣我自己最清楚。"己所不欲，勿施于人"，难道我真要让丈夫也承担双倍的艰苦吗？再看看身边熟睡的孩子们，我开始审视自己的价值观，家庭、事业和个人兴趣爱好，究竟什么对自己来说更重要？在与家人、老板和"家园归航"组织方多次沟通后，一切尘埃落定：我缴纳了一定的赔偿金，调整到第三届的队伍中。

从这次面对艰难选择的痛苦中，我学到的东西远远比从成功中学到的多。当危机将要来临时，我常常会盲目乐观而不自知，太在意眼前的安全，却对未来的风险视而不见。我一直在期待最好的结果出现，但却对最差的情况没有准备。及早探索事情的真相，及时处理可能的问题，这才是最重要的。而我在遇到困难后的第一反应是退后一步——"大不了我不去了"，而不是从不可能中找出可能，我缺少一种"撞了南墙也不回头"的闯劲和决心。

2018 年 12 月 31 日，我如愿登上了"乌斯怀亚号"，与来自世界各地的 90 位女性一起，驶向南极。为了这趟奇妙的旅程，所有的挫折和付出都是值得的，一切都是最好的安排。

向内探索自己

我虽然去过世界上不同的地域，看过不同的文化，但我很长一段时间都生活在一个狭窄、封闭的盒子里，这个盒子就是我的内心。现在，我终于走出心灵的暗盒，走出自己画地为牢的界限，也真正走进了一个广阔的世界。

很多人自我成长的蜕变都发生在人生的至暗时刻，我的也不例外。2016 年年初，我的生活和工作都是一团乱麻。工作进展缓慢，事情并没有像自己预期的那样发展。在生活上，我身处各种关系中，却对它们都不满意。我跟父母打电话，常常说完两三句问候的话就没有话说了，觉得相互之间的问候都停留在表层，我们从来不会谈及双方内心的真实想法和困惑；在与丈夫认识十年、结婚五年之后，我对婚姻和爱情产生了困惑和怀疑；与好朋友的关系变成一潭死水；在与其他人的关系中，我当时过分关注别人身上让我不满意的部分，放大了这个关注点，却忽视了自己可以从他人身上学习的优点。

我在生活的泥沼中寻求突破。于是，我报名参加了一门美国很有名的个人发展类的培训课程，开车 3 个小时到明尼苏达州的明尼阿波利斯参加这门为期三天一晚的课程。我一直坚信，人具有自我重塑和改变的能力，而"投资自己"才是最有效的投资。这门课程帮助我清理了过去的思维垃圾，让我的灵魂得以从牢狱之中被释放，呼吸到外面清新、芳香的空气。课程中有一系列的对话，有些让我记忆犹新，比如人的头脑机器几乎无时不在对自己说话，这些对话大多只是我们戴着有色眼镜过滤后自己编造的故事，目的是保护自己免受伤害。

当我鼓起勇气站在台上与他人分享时，我的第一句话是："我天生是一个很内向的人。"当时的我深深地以为"内向"是一个缺点，这就好像在说我生下来就是一个带有瑕疵的次品。课程导师看着我的眼睛告诉我："你生下来就是一个完整、完全和完美的人。"在培训的过程中，我看到童年的那个我如何一步步走到自己的壳中，主动关掉了自己的"说话开关"。

我的青少年时期是在父亲对我学习的高压管理之下度过的。小时候的我很怕他。我小学几乎每个学期都要写下"保证书"，保证学期末语文、数学考 95 分以上。有一次我没达到要求，还偷偷在成绩单上修改了自己的分数，把 90 改成了 96。我也曾经在父亲回家前一天一连补上一个多月的日记，却因为记错了月份，漏掉了一个月。我不敢大声说话，我怕父亲瞪着眼睛吼我，更害怕父亲在喝醉酒后对母亲大吼大叫。在这种高压下，我的生存策略大概就是好好学习。所幸我还算聪明，还能专心听讲，在学校表现优异，从小学到初中都是年级第一名。我在家庭中得不到父亲的赞许和认同，就通过"成绩好"得到老师的赞许和认同。当时，周围人对我的评价是"忠厚、老实、懂事"。而正是"成绩好"将我一步步带离了我的原生家庭，让我得以去市里读高中，去更远的城市读大学、研究生，直到出国深造。

直到上这门课程之前，我都在某种程度上害怕并埋怨我的父亲。而我与父母的关系往往会折射到我与其他人的关系中。在第二天的课程上，我分享了一封写给父亲的信，读着读着，我看到课程导师的眼睛红了，我听到底下有人发出唏嘘的声音。分享完，我看到有几个人站起来为我鼓掌，然后几乎所有人都站了起来。课程导师对我说："丽，你可以改变世界！"说实话，我从未享受过如此殊荣。这个场景是我一辈子都不会忘记的。而我也终于明白，人与人之间的联结是通过分享建立的。如果你的分享能够感动和鼓舞其他人，那么你与这个人之间的纽带就真正建立起来了。

我在同期学员的鼓励下，在一个清晨拨通了父亲的电话。我说起童年时他在喝醉酒后当众瞪着眼睛吼我，让我将自己封闭起来。虽然忽然旧事重提显得有点儿怪，而且我是用家乡话讲的，但是我终于向父亲打开了我的心门，同时也解开了他多年的心结。父亲已经完全忘记了这件事情，他跟我说起我在上初中时写给他的一封信，我在信里说:"我恨你,你毁了我的一生。"我完全忘记了还有这样一封信。我告诉父亲:"这个再也不是我的想法了,我已经放下了一切。如果没有当年的一切,我也无法从那个小村庄走出来,走进这么美丽、广阔的世界,经历这么多有趣的事情,遇到这么多有爱、温暖的人。"

成年后的我去过很多地方,也一直梦想去更多的地方,但我一直对人心怀恐惧。直到那一刻,我看清了这种恐惧有多么荒谬,我才真正走出了自己所设的牢笼,站在一个更广阔的世界面前。这门课程开启了我的一段全新的旅程,让我去发现并接纳那个冰山水面以下的自己。

此后,我实现了从固定型思维向成长型思维的转变。一直以来,不管是在工作、学习还是生活中,我都不怎么当众表达自己的观点,对自己不知道的问题也不敢提问。我在害怕什么呢?我害怕我说错了而让自己陷入尴尬的境地,我害怕我的问题太无知而遭人耻笑,我害怕我说出的梦想太大而让别人觉得我在痴人说梦。我怕失败,我回避风险,我爱面子,我只在乎在他人面前表现良好,在家人面前做乖孩子。这些就是典型的表现型人格、固定型思维。而现在的我,只要不懂就敢于发问,不管这个问题有多蠢。我也敢于在集体讨论时发表自己的看法,因为我知道这些看法只针对事情,不针对人。我还敢于大声宣布自己的梦想。而事实证明,在你向别人宣告自己想做的事情时,与你磁场相近的人会自动向你靠拢、帮助你,形成一股向上的正能量。

通过学习,我也知道了语言对一个人的行为和命运有重塑的能力。要通过读书等方式改变我们的想法其实需要很长的时间。而语言，包括从我们嘴里说出的话和从笔端写出的字，是可以主动控制的。细细想来，人类的很多发明创造和伟大创举，不都是从语言开始的吗？甘地说，要用一种非暴力的形式统一印度；肯尼迪说，要登上月球。我们形容这个世界的一切事物都靠语言，我希望，我的语言从此不是伤害他人的，而是激励他人、解决问题的；我的语言不是消极的抱怨，而是积极的改变。

这一系列课程像是启动了我内在早已设置好的等待被发现的开关。当启动了这个开关时，我知道我的内心亮堂了。2016 年是开启了我的智慧的一年，是我下半辈子的起始年。我慢慢摒弃自卑，开始完全接纳自我。我摆脱了过去种种限制性思维，有了更多勇气去追寻自己想要的生活，成为自己想成为的人。

南极带给我的礼物

"家园归航"吸引我的地方不仅仅在于南极，更在于它是关于女性领导力的培训。领导力从根本上而言是一场自我探索的旅程。我们外在的"显我"通常只是冰山水面以上的部分，那么水面以下的部分呢？这一场向"本我"、向灵魂深处的探索，是一棵树向土里深深扎根的过程，也是吸引我的新迷宫。

去南极之前，教练让我写下此行的目标和帮助自己实现这些目标的支撑行为。我写下了三个主要目标：（1）与自己、他人和自然建立深度的联结；（2）探索自己在领导力上的可能性；（3）探索自己在女性平等地位方面能做的贡献。

支撑实现这三个目标的行为写了足足一页纸。在南极的日子里，每隔三五天，我就会打开文档，看看那些目标。这个方法很奏效。回顾这一趟旅程，我基本实现了这三个目标。尤其是后两个，说是"探索"，其实是自己的初次尝试，也是我踏入的新的疆域。南极之行后，我看到自己更加积极主动地推动自己想做的事情，在这个过程中，我自然而然地扮演了"领导者"（推动者）的角色。而我也不再惧怕，因为使命和目标会带领我穿越困难和恐惧，使我在做事的过程中不断地提高自己的能力。"家园归航"和南极的经历，让我更愿意，也更有能力去带领、激励、团结、汇聚一切力量达成目标。我也越来越有意识地为女性群体发声和行动。"家园归航"倡导的"协作而壮大"的理念已经深入我心，我从个人成长的层级慢慢跨越到了"双赢思维、知彼解己、统合综效"的团队层级（出自《高效能人士的七个习惯》）。而我在这个层级的旅程才刚刚开始……

一趟旅程之所以成为美妙隽永的记忆，除了因为风景，往往还是由于旅程中生命与生命的交互际会。有没有人跟你说过，你可以改变世界？ 2010 年，在阿尔卑斯山出野外时，当时访学的部门负责人很认真地跟我说："你这么聪明，可以做任何你想做的事情！"我不以为然，只把它当作欧美人的恭维。2016 年，个人成长课程上的导师跟我说："你可以改变世界！"我没有当即否定，而是回了一句："真的吗？ 我还不知道呢！"2019 年，在南极的船上，我喜爱的塔拉反复跟我强调："丽，你可以改变世界，虽然我不知道你会怎样改变世界，但是我打赌你一定能！ 如果有一个赌注，我就押你！"我相信了她，其实最根本的是我相信了我自己！你相信自己可以改变世界吗？ 如果你足够坚定地相信，那你就可以，你也会找到途径和方式。这就是相信"相信"的力量吧!

　　这种现实生活中的经历,也在不断刷新和重塑我的信念。我开始相信奇迹目标的力量。生活中,我们往往低估了时间的长期效果,而高估了时间的短期效果。在给自己制订长期目标时,不妨设置得高一些;而落实到每日的行动、每月的进步时,不必期待很大的变化。坚持做正确的事情,时间会成为我们的朋友,带来让我们意想不到的结果。一棵树不断向下扎根,向上生长,而我们的成长又何尝不是日复一日的不断扎根、积累,以及在某个特殊节点的"撑杆跳",看看自己是否能够触到那个更高的目标呢?

　　再次回到我当初写下的三个梦想之地,我已经去过了两个,还有"珠穆朗玛峰"这个目标没有真正达成。细细想来,其实我何尝不是在攀登的途中呢?珠穆朗玛峰不在外面,它实际上在我的心里,它正是那冰山水面以下的巨大山体。

　　我还在继续书写我的故事。亲爱的朋友,如果你的人生是一本书,你是作者,那你要如何书写你的故事呢?

　　(关于王丽:"家园归航"第三届成员,中国农业科学院深圳农业基因组研究所研究员,终身学习者,马拉松跑者,两个男孩的妈妈。)

接纳自己，改变世界   林吴颖

三十多年的时光不长，但足以令一个人麻木，安于现状，将就到老。三十多年的时光也不短，但也常常不够令一个人成长，学会宽容与体谅，学会爱与被爱。我在时光的长河中纠结过一切，包括成长、家庭、事业、理想、爱与憎、执着与包容、贫穷与富贵、坚持与将就……直到现在，我也不能说我成了自己最想成为的那个人。但从南极归来后，我终于学会了一件事，那就是把每一件纠结的事情都当作生命中一次宝贵的反思和成长的机会去对待。借着这个机会，我把过去这三十多年的自己写下来，作为对这个阶段的自己的一份纪念。

一个倔强的女孩

我是家中独女。听起来很正常对吗？但作为一个从中国南方宗族文化根深蒂固的山村里走出来的家庭的独生女，这个身份就不一般了。我家只有我这一个女儿，这意味着我们家到我爸这一支脉便"后继无人"了。按计划生育的规定，城镇户口只能生一胎。我很庆幸，当年爸爸很严肃地拒绝了把我送走再要一胎的提议，要不然我今天就不可能写下我的故事了。

我真的十分感谢我爸，他从不因为我是女孩而看轻我，也没有对我区别对待。绝大多数时候，他都没有因为我是女孩而告诫我哪些事情我能做，哪些事情不适合女孩做。长大后，他甚至让我这个女儿

破天荒地上了家族族谱。要知道，在我的家乡，重男轻女的现象太普遍了，普遍到上族谱这种事情简直是女孩子难以企盼的一个梦。我从小目睹我的姑姨、堂姐妹、表姐妹早早辍学，外出打工，扛起家庭重担。我的一个小姨一生劳苦，在还很年轻的时候就已经看起来比同龄人苍老很多，她甚至人过中年才得知她早在还是小孩子的时候就已经单眼失明。她们中的最高学历可能是初中肄业。她们普遍乖巧懂事，早熟的她们还来不及梦想自己的未来，就已经在给兄弟们铺路了。

也许是因为看多了这种情况，我格外珍惜自己的幸运。我庆幸父亲小时候有了读书的机缘，得以接受教育走出山村，也庆幸父母用心地爱护我，更庆幸自己有机会选择自己的未来。我得多么幸运，才能成为整个家族里唯一读大学的女孩子呀。也正因为如此，我从小就觉得自己背负着一种使命，要不断地去证明自己跟男孩一样好，甚至比男孩还要好。

从小到大，我是我们家族里最会读书的，所有男孩都不如我。男孩会做的事，我也都会做。我的高中数学老师说，女孩天生学不好数理化，我就多花好几倍的功夫做数理化的题。后来我身边几乎所有人都说女生学不好理科，我偏选了理科。大学的时候，教授说出野外还是男生比较方便，我就要站起来反问"为什么女生不行"。我想，如果是我们体力不行，那我们可以加强锻炼。爬山、背装备、挑水、做饭，男生能做的，我们女生也都可以做到。因为是女孩，我所做的一切都要付出格外多的努力。我在心里不断地喊着，女生要比男生优秀好多，才有可能争取到跟他们相似的资格呀。这一切选择，多多少少也都有这样一个倔强的原因，那就是我想要证明"女孩子能行"。

　　结果倒是很有意思，我在读研究生时进了一个女导师的组里，毕业后进入了一家女性领导的国际组织，后来又跟这班"女领导"创立了本土自然保护公益机构。经过几年努力，我们还意外把这家机构发展成了一家规模不小且全是"女将"的机构……当然，这些都是后话了。

直面自然的破碎

　　也许是因为我从小在身边看到过太多人生的不圆满，我便愈加渴望在自然中看到这种圆满。又或者是因为我早早感受到了人生无常和个人的渺小和无力，我对浩瀚的宇宙和神奇的自然便愈加崇敬和向往。最早开始思考人生、思考"我是谁"的哲学问题时，正是我在不断塑造自己的人生观和世界观的时候。那时候读庄子，我羡慕那种朴素而自由的自然观；读诗词，古代的自然图景在我眼前缓缓展现；看《动物世界》《人与自然》，我了解到了自然的神奇与奥妙……我10岁以前都在乡村或者城郊生活，自然于我不仅仅是书本里和电视节目中呈现的样子，它就是我幼时生活的记忆。

　　小时候我最爱做的事情就是：黄昏的时候到附近的小溪捡上小半桶螺贝回家煮汤；拿着渔网和粗制的钓竿到山间溪涧里钓蛙和鳅；在悬钩子成熟的季节去采摘山里的各色野果，然后把舌头染上不同的颜色；去捡拾芒萁和采摘茶叶；点着篝火，挖个土坑烧烤各种不知名的自然食材……身边的自然和远方的自然融汇在一起，交织成了我幼时内心憧憬的最美好的图景。

　　然而，在我年少时慰藉心灵的自然没能存续很久……

由于开采花岗岩造成了污染，家乡的小溪很快变成了"牛奶河"，粉尘污染也危害着当地居民的健康；由于环境破坏，山上、溪流、田间的野生生物越来越少。曾经目光所及之处，尽是峰峦叠嶂和漫山遍野的青翠，如今却斑驳得令人心惊。随着时间的推移，这种快速的环境破坏并没有结束，反而蔓延到了每一个乡镇、每一个角落。到最后，整个区域都已经没有几条干净的河流，没有几座不被粉尘覆盖的村庄了。

我家所在的县城靠海，但我是山村里出生的孩子，对海不是那么熟悉。当我第一次跟父母来到海边的时候，我真是失望极了。现实的大海跟我想象中的样子相差十万八千里。我至今都记得那一片浑浊的海水和我当时闻到的那股腥臭味，到处都是密密麻麻的渔排，海水养殖让这个地方人丁兴旺，但是"海丁"萧条。没过几年，海水养殖都不能满足人们的欲望了，钢铁厂、镍厂纷纷被引入这个良好的避风港，每天工厂的烟囱突突突地喷着浓烟，大面积的滩涂被填。后来，因为污染越来越严重，养殖产量和质量不断下降，海水养殖也维持不下去了。

我身边的自然如此，全中国、全世界的环境也面临危机。可可西里的藏羚羊惨被屠戮，非洲象被人残忍地割去象牙，珊瑚礁被大片采挖……鸟兽虫鱼草木，无一例外地被伤害和被利用。

物种灭绝甚至就在我身边、在我短短的有生之年发生着。十几岁的时候，市场上突然出现了一种过去不常见的海鲜，名字很奇怪，叫"鲎"（音同"后"）。父母第一次从市场买来流着蓝色血液的鲎，带卵一起炒着吃。当时我觉得特别香，那是我吃到的最神奇的海鲜。没过几年，我看到《人与自然》杂志上写到鲎，说福建省平潭岛的鲎本来遍布整片海滩，如今已经难觅踪迹。我才意识到，这种神奇的蓝血活化石生物，因为人们的过度捕捞陷入濒危状态了。而我，也参与加速了这种灭亡。从那以后，我再也没有吃过鲎。后来，我创立了国内首个长达 7 年的鲎保护项目，可能也是为了救赎童年犯下的罪过吧。

目睹着身边的自然屡遭重创，少时的我一度厌恶起自己人类的身份，一心想要逃离。当时我就一直梦想，等我长大了，我要做个生物学家天天研究花草鸟兽，或者当个野生动物摄影师整天与野生动物为伍，或者当个登山运动员净去一些没人的地方攀登，或者当地理学家、地质学家去跟石头、古生物打交道……总之，就是尽量少跟人打交道，专心致志地去研究和保护我所珍爱的那些事物。我最好能学会鸟兽的语言，过上隐居的生活。后来，我果然如愿选择生物专业来深入学习，在青藏高原看到高原泥炭湿地，在秦岭大熊猫的竹林里穿梭，在京郊琢磨槭树的繁殖，在热带雨林里研究濒危的兰花……但我却发现，所有可能是自然圣境的地方，不管是不是地广人稀的高原，不管是不是保护区，都早已是人类社会所及之处。

逐梦的人生：挫折、选择和机缘

因为少时的梦想和对自然的挚爱，这些年我在这条逐梦路上一去不回头。在这条走得不算轻松的路上，我谈不上遇到过多大的挫折，但也面临过几次颇为重要的选择和机缘，它们分别出现在我上大学、读研究生、找工作这三个人生转折点上，也带来了我人生路上的两个对我影响深远的间隔年。

高考之后，我虽然如愿读了生物学，但是因为阴错阳差去了兰州大学。我一直想要去环境优美、生物多样性丰富的地方求学，哪想到却要去戈壁骑骆驼呢？从这句话你就能知道人们对一个地方的误解可以有多深，你只有真的去了解，才会知道另外一个世界的样子。多年后，我一直感恩这一次机缘巧合，它让我有机会从祖国东南跑到西北求学，让我看到了这个国家、这个世界不同的模样，也看到了不同地区的自然和人文呈现的不同状态，更让我浸染了这个地方的朴实和脚踏实地。

我在兰州大学朴实无华的校园里度过了四年的青春时光。在这四年里，我如饥似渴地学习生物学知识，在自然保护社团里挥洒热情。大学毕业前，我如愿获得保送中科院动物研究所研究生的资格，终于可以去做梦想的动物行为生态学研究。即将入学之际，未来的导师给我出了两道难题：一是我不能再做原本约定好的野外研究，而要去做基因组研究；二是我必须承诺一直做该方向的研究，直至博士研究生毕业。真是晴天霹雳！我在22岁之前的半辈子都梦想着要活在大自然中，现在却被要求天天蹲守实验室直到博士研究生毕业！由于导师坚持这两个条件，我做了个至今都令许多人不能理解甚至称之为"愚蠢"的决定——放弃去这所中国最高研究学府之一深造的机会。

放弃的代价是高昂的。这意味着我过去四年的刻苦努力都付诸东流了，也意味着我要从头开始去准备考研或者申请出国留学。我选择了后者，花了两年的时间准备各种考试，几经波折才拿到了美国大学的录取通知书，那时候我的许多同学硕士研究生都快毕业了。在那段重新起步的时间里，我不得不去经受周围人和社会评判的目光，去面对拮据的经济状况，还有来自无法预知的未来的压力。那些压力让梦想变得沉重。

在被迫选择而产生的两年间隔年里，我也曾在颓废、不安、恐惧中徘徊，也曾在午夜看着清冷的月光委屈落泪，但有一些东西横亘在心间，不容我退缩。直至现在，依然有人问我当年后不后悔。我不知道自己后不后悔，但我一直知道，我别无选择。当你明确知道你想要什么、不想要什么的时候，一些在别人看来可能的路被堵上了，那么你就只剩下内心深处最不能后悔的那个选择。对我来说，我不能放弃对有兴趣的研究领域的选择和对属于自己的人生的展望，所以我只能选择放弃一所颇具名望的研究所、一个全国顶尖的研究团队和在外人看来无比光鲜的前途。

这两年的时光也并没有荒废。两年里，我通过了 GRE（美国研究生入学考试）和托福考试，去了中科院植物研究所做实验助理，业余时间跟着当年才流行起来的科学松鼠会①学科学写作，参加过民间环保组织自然之友的第一届"自然体验师培训"，在《南方周末》做过实习生，去青海玉树当过地震灾后重建的志愿者，还学了古琴……我做了很多过去在学校里没有时间也没有尝试去做的事，也看到了更大的世界和人生更多的选择。

我的第二个间隔年出现在硕士研究生毕业的时候。当时我在美国的导师问我想不想继续留下来读博。那个时候，我对自己的研究方向产生了一些困惑，对于步入博士研究生阶段的学习，我还有些犹豫。

---

① 科学松鼠会是一个致力于在大众文化层面传播科学的非营利机构。——编者注

最终，我没有接受我导师的邀约，选择了给自己留一年时间去探索人生下一个阶段。其间，我联系和拜访过许多所世界知名高等学府，跟许多教授、前辈探讨过研究问题，想找到那个令我毫不犹豫地选择的学术团队、导师和研究方向。我也确实找到了一些心仪的选择，于是摩拳擦掌开始计划为申请次年入学做准备，也由此有了一年自由支配的时间。

为了让第二个间隔年过得有意义，我开始寻找一些工作机会。在美国读研期间，我周围很多同学都曾经巧妙利用间隔年做了许多尝试。他们告诉我，有可能的话，让自己走出象牙塔一段时间，这样会对未来的研究方向有更多深刻的思考，也会对现实社会有更深入的了解。我深以为然。

我在美国找实习工作机会期间回了一趟国，在去北京拜访老友的时候，碰巧去参加了一个叫野生动植物保护国际（Fauna & Flora International，缩写为 FFI）的国际组织设在中国的代表处的面试。在这里，我遇到了一群理想主义的自然保护者，我们在一起相谈甚欢，我刷新了对公益组织的认识。分别后，我又到了美国，在旧金山住了一段时间。我离开了学校的环境，在几乎没有朋友的地方独自生活，忍耐着快要宕机的"中国胃"，挂念着远在国内的男友和家人……一天，在旧金山夏季的冷风中，我接到了野生动植物保护国际发来的邀请，对方希望我加入他们的团队。也许是因为我的胃太想念祖国，也许是因为我太挂念家人和朋友，也许是出于对国内自然保护实践现状的好奇，我回到了北京，加入了这个有着 100 多年历史的国际组织。

刚回国的时候，我跟同事说，我只干一年，间隔年结束，我就要读博去了。然而8年多过去了，我的这个间隔年一直没有结束。我没有再回到学术界。工作4个月的时候，我就开始无止境地延长了我的间隔年。两年后，我们又创立了本土机构"美境自然"。与一群有理想、有抱负、致力于解决社会问题、推动改变发生的年轻人在实践中探索和保护自然，实在是太痛快了！

至今，我在自然保护组织工作8年多了，做过很多自然保护项目，推动过一些变化的发生，而我们的团队也在不断地壮大。回顾过往，每一个选择似乎都是内心的渴望驱动下的必然的机缘变化，而所有挫折都只不过是每一个人生选择题的不同干扰项。当你足够坚定时，你就会毫不犹豫。

脆弱的力量

曾经的我身上有很多刺，心中有很多疑问，充满矛盾。我爱着这个世界，却痛恨看到它的堕落，企图用一股偏强劲儿去独立对抗这世界的不公。我深切地同情着女性，却又对自己身上的女性特征难以启齿。我极力地想要证明女孩比男孩更好，但与此同时，我却在按照男孩的特征塑造自己：要坚不可摧，不能脆弱，要勇敢，流血不流泪。甚至，我常常会觉得要成功就要成为标准的"女强人"，杀伐决断。

这些矛盾之处在我身上凝结，塑造了我一身别扭的性格。我一方面多愁善感，伤春悲秋，一方面又固执倔强，不肯服输。我就像一块硬邦邦但又易碎的玻璃，把自己武装得很坚强，但又一击即碎。而这别扭的性格，在我与自己相处、与他人相处的过程中给我造成了很多困扰，也令我在对待美好的、我想要守护的事物时，容易产生强烈的情绪，并且常常不懂得如何消解。有的时候我会横冲直撞直到头破血流，有的时候我又会选择逃避不去面对，因为我的本性跟我想要给自己塑造的个性实在太不相同。

18 岁以后的日子，是我不断跟世界和解的十几年。我从黑白世界观里找到了许多灰色地带，看到了许多不同。在探索生物多样性的同时，我也发现了世界的多元、人性的弹性，还收获了许多激励我前行的人、事、物。在跌跌撞撞中，我不断地磨去棱角；在头破血流中，我逐渐拨开人生迷雾。我学会了站在别人的角度思考，体会了世界的复杂与变化，磨炼了与人相处的技法，懂得了包容更多与我不同的存在和观点。

有一天，我成了一个男孩的母亲。在细心养育他的那段时间里，我也仿佛跟着他重生了一次。我再次反思了自己的成长经历，深刻思考了我希望把一个婴儿养育成一个什么样的孩子这个问题，其实这也映射了我希望自己成为一个什么样的人。自我觉察和自我重塑的愿望不断生长着，直到我遇到"家园归航"项目。

一开始，我对所谓的"领导力"培养是嗤之以鼻的。加入"家园归航"半年多后的一天，我的领导力教练杰西卡在视频电话的那头第一次告诉我"你没有错，你不需要被校正"的时候，我哭了。我觉得我被听到了，被理解了，也被接纳了。在某种程度的释然之后，我知道我接下来需要做的是接纳自己。这并不容易，我可以宽容和理解过去的自己，但接纳需要的不仅仅是宽容和理解。

2018 年 12 月飞往阿根廷乌斯怀亚的途中，我第一次看了布琳·布朗（Brené Brown）博士在 TED 的演讲《脆弱的力量》（*The Power of*

Vulnerability）。我在那个瞬间突然领悟到，原来我过去不愿意正视的那些性格特点，其实才是我真正的力量源泉。在南极的旅程中，通过进一步的领导力学习及和同船伙伴的交流，我在内心深处进一步认识到了这一点。

我曾经一直希望自己勇敢、坚强，可是我总是那个电影院里最容易落泪的人。我曾经把自己包裹起来，让自己看起来像一个风轻云淡、经历过大风大浪、不会随便动摇的人，但我其实撑得很疲倦。可是我后来发现，原来我可以不那么勇敢，不那么硬邦邦、冷冰冰。在南极的三周让我终于意识到，我不用遮掩自己的眼泪，哭不是一件令人羞怯的事情。原来，"脆弱"并不意味着"软弱"。脆弱性意味着我们知道"我们必然会失败""我们必然经历挫折"，而真正的勇敢正意味着要承担这些风险、不确定性和袒露情感。勇敢者的必经之路，正是脆弱性所意味着的，就是明知我可能会失败，明知我必历经万难，但我依然会去承受。

到了那个时刻，我才真正放下了自己的固执和倔强。我不再需要强撑自己，去做一个披着铠甲的武士，扛起所有责任，以一人之力去对抗、倡议、支持、保卫。我更不需要通过藏起自己的柔软与辛酸，来说服其他人信任我、追随我、服从我。我可以脆弱，可以悲伤，可以落泪，但我依然不退缩。

我感叹着，我们如果不曾小心翼翼地爱，又如何懂得珍惜与呵护？我们如果不曾为不公正愤怒，又如何有力量站出来去伸张正义？我们如果对自然和人性的灾难早已司空见惯，又怎会还有信念坚持做出改变？我们的社会和环境中时刻都在发生"温水煮青蛙"的事情，我们的敏感、脆弱时时刻刻都在被考验。但总有这样一些人，他们哭完了站起来，含着泪继续呐喊和寻求改变。我们用最柔软的内心去感受，才会有最坚强的内心去战斗！而那么长时间以来，我和这个社会一样，竟然一直误会了脆弱的价值，忽略了这股温柔的力量。

接纳自己，改变世界

认识到了自己的脆弱和力量后，我彻底接纳了自己，也接纳了我爱的和爱我的人，接纳了我所从事的事业中站在我身边甚至站在我对面的人，我接纳了这个跟我想象的不一样的世界。我接纳了，但我并不会停止自我成长、影响他人和改变世界的步伐。

早在多年前的经历中我就意识到，对于我珍爱的和想要守护的一切，我都无法凭借一己之力去完成，我更不可能以一人之力去对抗全世界。而事实上，过去的我也在很大程度上误解了这个世界。我的双眼曾被青春期的偏见蒙蔽，我的内心感受不到花园里的鸟语花香和孩子的欢乐。

我回过头去重新看这些年的自己。20 年前的我对生而为人感到悲哀和羞愧，对自然万物的爱化成了对人类的怨，在内心不断翻腾，我想要通过逃避来消极对抗这个不断变糟的世界；10 年前的我发现自己同为人类的一分子，只有行动起来才能够给现实带来改变，才有批评现状的权利，才有改变世界的可能，我选择成为一个自然保护实践者；5 年前的我从同行者中不断汲取前进的力量，认识了许多美丽的自然保护行动者，他们赋予我力量，令我对这个世界多了一分怜悯、理解和感恩；如今接纳了自己的我在每一份温暖的祝福中继续探索自然保护的道路，深深地体会着我不是一个人在战斗，也不是为了我一个人的梦想在努力。

接纳自己的同时，我也真正明白了，为什么自己会一股脑儿扎进自然保护这个十分小众的领域里，并且再也没有想过离开。不仅仅是因为那是我幼时珍贵的梦想、心灵的寄托，也不仅仅是因为生而为人对自我救赎和改善环境的责任感，更不仅仅是因为自然的奥妙、生命的神奇，还因为那些最容易被忽视和被遗忘的，也最牵动我敏感而脆弱的内心的事物：消失的文化，被破坏的古迹，小女孩被压抑的梦想，无法发声的物种……在自然保护这条路上，同行者本就不多。有很多人关注一些"旗舰"物种、"明星"物种，比如大熊猫、金丝猴、雪豹等，而我的目光却常常会落在一棵树、一枝兰花、一条洞穴盲鱼、一只底栖的鲎上……对于它们，我常常有一种紧迫感——这件事如果我不做，可能就来不及了；如果我不记得它们，可能也没有几个人记得它们了。

你看那黑乎乎的洞穴深处，几乎没有人探访，你会知道里面生活着触角是身体十倍长的灶马，眼睛退化、全身透明的盲鱼和盲虾吗？你会知道它们非常有可能是这个世界上独一无二、从未被人发现和命名的新物种吗？因为物理隔离，它们与隔壁洞穴里的生物早已分化。有一天，这个洞穴因为采石材而消失了……你同样也不会知道，这个世界上原来有这样一些物种曾经存在很长一段时间，而你再也不会有机会认识它们……

这是一种深深的悲哀，就像没有说出口的苦难、永远不被发现的暗恋。这世界到处是闹市，但也有太多被忽视和被遗忘的角落。那些生灵不会言说，却遭受着我们每一个人行为的后果。

十年前，我就开始把自己的许多精力放在这些不会言说的冷门物种和环境的话题上。兰科植物的研究和保护，濒危树种的保护能力建设，洞穴生物多样性保护，北部湾的鲎的过度捕捞利用和滨海湿地的环境问题，被非法贸易影响的海洋野生动物……这些都成为我关注的目标。这一条走到黑的路，深入洞穴，显得很长很长，每走一步或许都不知道前途在哪里，在未来等待我的是什么，只有远处洞口那一点点微光在忽闪，身边只有寥寥数人陪伴。但我们会继续结伴前行，我们会慢慢找到更多同行者，就像我在保护鲎的旅程中遇到的护林员老莫、志愿者阿德、渔民小张、学者颉老师……有了他们，我知道我不再需要去寻找珍·古道尔、乔治·夏勒这样的榜样，让他们来告诉我世界上还有许多人在为了自然呐喊、奔走呼吁和采取行动。在这些平凡而伟大的人当中，有人几十年如一日地守护着红树林，拿着微薄的补助，依然一腔热忱；有人初入社会，因为对鸟的热爱而时常与盗猎者机智周旋，用艺术的特长去为鸟类保护呼吁；有人探索滨海生态旅游的新模式，从一个自然资源利用者成长为在地的滨海守护者；更有人已过中年却开启一个全新物种的研究，用热情和严谨构筑起科研和保护之间的桥梁。而我从他们身上汲取着温暖的能量，然后跟他们一起去影响身边更多的人，让曾经不受关注的生物先开始进入一些人的视线，去改变现状。

我也在这样的过程中不断成长，更好地认识了自己，更加坚定了自己的信念和步伐，也更加坚信每一个人的每一点努力最终都会有意义，而且此时此刻就已经有了意义。

　　我决不敢说，人生到此，我已经解锁了所有的成长历程，我甚至也远不能说我对自己已经足够了解了。不，还远远不够。自我、他人和这个客观世界，还有太多我所不知道的秘密。我很感恩，有这个机会在这本书中把三十多岁的自己写下来，纪念这些年一个平凡的女孩走过的弯路、没转过来的脑筋、讨厌的倔强和一塌糊涂的脆弱。

　　未来还很长，生命的道路一定还有很多坎坷和风景，我希望每度过一天，我都有能力拥抱新一天的自己，努力去滋养身边的人，为改变这个世界迈出一步又一步。

　　（关于林吴颖："家园归航"第三届成员，勤奋的自然保护实践者，懒散的科普作者，与孩子共同成长的妈妈。）

谁人可以定义我　　　　　　　　　　　罗易

　　与其他很多环保工作者一样，上了无数次"世界第三极"所在的青藏高原的我，非常憧憬南北极。从初中开始，我便申请南极相关的项目，直到大学毕业创了业，一位学姐向我推荐"家园归航"，我在这次才终于申请成功了。我原以为"家园归航"是一趟探讨环保的南极之旅，没想到它开启了我更加安静地进行自我思考的体验。这对在性格测试中大部分时候测出"外向"的我来说，是种神奇的体验。

　　南极之旅降低了我的泪点，不知道为什么，我的泪点重新变得像婴儿似的敏感真切。或许是南极的断网、远离人类、亲近自然，或许是女性之间的交谈、远离工作，又或许是这些元素的排列组合，让我开始安静地面对并接纳多面的自己。在南极，我每天都和不同年龄的女性朝夕相处，从早上6点半到晚上12点。我们一起做瑜伽，一起探讨我们携带的某个日用品是否是环境友好型的，全球有哪些品牌和技术既防晒又环保。我还与来自数个国家的千禧一代一同录制了短视频节目。与不同年龄、不同国家和文化背景的女性相处几周，会发生怎样的灵感上的碰撞呢？

　　我期待正在阅读的你也尝试一下，去拥抱自己，悦纳多元的自己，哪怕你看起来不够主流。

"乖乖女"姗姗来迟的叛逆青春

我经常被评论道:"和 10 岁的你相比,现在的你没怎么变啊。"从表面来看,我是个中国传统文化定义的"乖乖女",穿着偏女性色彩,微笑的频率高,从来没打过架,成绩还可以。青春期的我有一种神奇的本领——从不跟人吵架,把所有矛盾之火扑灭在萌芽时期。然而,这样被认为是"别人家的乖孩子"的我,内心却燃烧着一簇火焰。

17 岁留学美国,我开始了新的征程——我决定不再做别人眼里的"乖乖女"。2010 年前,选择去美国留学读本科是条少有人走的路。我父母起初非常反对,后来母亲在我保证"保持高考成绩"的前提下,站出来支持我出国读书的念头。从未出过国门的我,开启了对文化碰撞和自我身份认同的探索之路。

我懵懂的自我探索之路其实早在 5 岁就开始了。我后来想起,我那时不识五线谱,也不识简谱,在 1998 年对抗洪电视剧片尾曲印象颇深,于是拿着笔用可能类似于简谱的符号记录下来。我跳芭蕾;我喜欢在家中举办春节联欢晚会;我想拥有一台摄像机,成为摄影师……但这些愿望和兴趣爱好因为各种原因没能成为占据我孩童时期时间主体的内容。8 岁那年的暑假,母亲带我到北京出游,我对着故宫的文物给她讲解馆藏文物背后的历史故事和历史人物,回来趴在床上写了一篇圆明园游记随想,这篇作文后来还获奖了。我在报纸上时常看到天气预报中的"霾"字,好奇这个看不懂的字是什么。从那时开始,我就发现我对历史和地理格外感兴趣。

然而,现实是父母并不以为然。他们告诉我,"学好数理化,走遍天下都不怕，文科和艺术不能当饭吃"。幸好，父亲喜爱自然。小时候每逢周末，他都带我去自然中走走，在公园的草地上打滚、写字或发呆。我在 12 岁的时候猛然发现自己每次到自然中玩耍回来，成绩便提升不少，心情也愉悦，于是继续"功利地"爱着自然了。

17 岁开始的留学美国之路，比我当时期待的复杂得多。美国的文理学院鼓励年轻人探索人生方向。在这样的教育方针的影响下，我突然发现从小我就知道自己喜欢什么，但这些可能不是长辈眼里"优秀"的标准和"精英"的模样。没有了父母的说教，我开启了自我探索的正式第一课——选专业。我要选择自己喜欢的专业，而不是父母和社会普遍认同的专业。

大一的第一门课上，我遇到了一位数学教授。他是数学天才，同时热爱哲学，还是一个小说作家和小提琴家。教授给大一新生上通识教育中的哲学讨论课。我是这门讨论课 18 位学生中的一位，也是唯一的中国人。我表面十分淡定、实则胆怯地坐在每周一、三、五早上 9 点的课堂上。跟我一起上课的同学在加州的暖阳中穿着人字拖和大裤衩来到教室，躺在地上撑着头听课。这种状态对之前从未出过国的我来说，实在新鲜。

在第一节课上，教授播放了《老友记》中一个 10 分钟的片段。哪怕托福考了 100 多分，在这样的场景下，我依然瞬间蒙了，什么都没听懂。此后一学期，我就靠看电视剧来思考哲学问题了。有一次，我们就"男士是否应该为女士开门"的话题讨论了一个小时，从希腊哲学说到中国传统的《道德经》，再说到当代美国社会的历史沿革，又聊到个人生活中的选择……一个小时过得真快。

这门课的期末考试是写一篇作文，我写的是"我是否是美术家"。这篇作文我一点儿都没费力就写了出来，好像这些思绪和想法一直在我的脑海里。在潜意识中，我一直认为自己不擅长美术，但上高中时我却迷上了拍摄，开始拍摄各种各样的视频和照片。我慢慢想起来，小时候我想做电视编导，我想有一台自己的摄像机。但每次我才说了一半，就被长辈打断，他们告诉我："这是不务正业。"在我的这篇期末作文里，我只是找了个平台自由地分享了我内心的想法，还自我调侃道："虽然从3岁开始，我就被认为美术不好，但我却喜欢源于美术的摄影。"

没想到这篇作文得到了教授的大力肯定。时隔9年，我依然清晰地记得教授兴奋地对我说："你的这篇作文探讨的哲学观点太棒了，说自己不擅长美术，却有如此好的艺术作品。"面对这样真切的鼓励，我开始反思、拥抱全新的看待世界的方式。在教授的鼓励下，我开始拒绝做"好孩子"和"乖孩子"，选择与父母"对抗"，拒绝听从父母对专业等重大议题的建议和劝说。我内心深处的声音，加上教授逻辑极强的理性支撑，开启了我姗姗来迟的青春叛逆。

从本科先后选择历史与环境专业，再到毕业后没选择正统工作而选择创业，这一切不太传统的选择当然也标志着我的叛逆。我的父母算是改革开放后早早闯深圳的一代青年，然而作为60后，他们当然像其他大多数我认识的同龄人一样，会担心这些不传统的选择是否靠谱儿。我和他们难免产生争执，以至于有半年的时间，我们不通电话，也不通过网络视频聊天，双方避免沟通，偶尔用QQ软件留言（那时还是没有微信的时代）。

大大小小、明明暗暗的讨论和争吵持续了几年，中间我也遇到了可能失去家里提供的学费的状态。然而，我和父母都是喜欢跟人沟通、把问题说开的人。大概是在我创业两年后的一天晚上，我和父亲散着步，突然开始吵架，主题关于我所做的选择的种种"不靠谱儿"。我也开始倾诉情绪，倒垃圾般地道出我如何解读60后的心理状况，具体内容我已经不太记得，只记得当时我说的内容可能有些细致、全面，父亲竟然哈哈大笑，说："那咱们不闹了！"在这之后，我们的关系恢复到了我儿时记忆里的模样，父母开始支持我的选择。

跨界探索不太轻松的话题的青春

大一结束的暑假，出于对大熊猫的喜爱，我来到大熊猫的家园——四川省卧龙国家级自然保护区实习。在汶川地震导致塌方的山川中生活的一个月，让我第一次对农村产生了兴趣，原来中国的乡村如此美丽。农村与环境的问题在我的脑海里生根发芽。我想起小时候回农村老家，大人们对我的评价是"这个小朋友太娇气了，都不愿意在地上走，非要老人背"，我也分不清韭菜和麦子的区别。这次经历对我而言，是一次全新的打开世界的方式。

正如我在南极船上分享的，我发现我对熊猫栖息地的农民的兴趣远远大于对熊猫的喜爱（当然，我对熊猫还是喜欢的）。于是，我继续关注卧龙这个离我的日常生活十分遥远的地方。第二年，我带着从学校借的一部老式DV（数码摄像机）重新回到卧龙，采访当地人有关汶川地震后几年的生活变迁，制作出了我的第一部纪录片。

18岁在卧龙看到的景象，连同在美国重新审视的在深圳的成长经历，让我开始思考全球化和商业化的半个世纪里的中国。在飞机上看到祖国的山川与河流，我不禁悄悄流泪，感觉到我终于回家了。在美国本科开始的人文科学和社会科学的训练开始在脑袋里发芽。大二上学期，在上完早期美洲史课后，哥伦布航海带来的人类文明、全新的全球化时代令我印象深刻，本来选专业没考虑历史的我，决定先学历史专业。

在美国上大学，每学期都需要为自己选课，我放开自己，对课程的选择无所顾忌。就这样过了四个学期，大学过半，我奇怪地发现，每个学期我都会选与环境相关的课。要不再学个环境专业吧？不过在那时候，选择环境作为专业在中国留学生里可不是一件时髦的事。

而从那时开始，我知道我未来的日子会和环境有着深刻的联系，因为我觉得自己放不下这个话题。也是从那时开始，我慢慢发现，原来环境专业可以如此跨界，并不一定只有环境科学和环境工程，它提供的更多是看世界的维度。

还记得一门关于宗教与环境的选修课开启了我思考的大门，原来环境和宗教学也可以结合。我终于明白高中时我每次到一个自然保护区看到当地变化的场景就会潸然泪下的原因是什么了。这门课也让我下定决心学习环境专业。从此以后，我跟苦和累交上了朋友。我一边学习历史专业，一边学习环境专业，看着从古到今人类的各种"黑暗"。从传统经济学视角看，经济发展产生了一些"外部性"的"副作用"，比如如今人们熟知的环境问题，而大到灾难、小到挫折在人类历史长河里一次次地上演，并没有特别深刻的改变。这种知识分子视角的思考深深烙印在我的大脑中，我开始享受跟这些听起来深刻、不阳光的话题打交道，开始学会做一名更美好的解决方式的倡导者。

就这样，我在二十出头的年纪充满对全球化发展的反思，对环保的探索，还有一些可能看似无厘头但令我从直觉上感到有趣的探索，比如作为新华社实习记者做好莱坞新闻，做社会新闻和各类公益实践，甚至在美国唐人街调研餐厅水污染情况。

看似无厘头的风格，在我的本科毕业论文中有所体现，我开始融入我的原创思考。我来到湖北的一个古老的国营农场，因为对教授们指导的"贪心"，我邀请了宗教学教授、农学教授、历史学教授等5位教授，作为我的毕业论文顾问委员会，其规模堪比美国博士的顾问委员会。在论文里，我用计算机搭建数据库，运用历史和环境这两个常人眼里完全不搭界的学科视角创作我的作品。在写研究生论文时，我选择了西藏林芝的一个自然保护区进行田野研究写作，自认为风格是历史学结合人类学和环境政策。结果，我找的所有人类学、政策学、环境相关专业的教授都不愿给予指导。幸运的是，社会学家赵鼎新教授和史学家彭慕兰（Kenneth Pomeranz）先生最终耐心给予我指导，这让我受宠若惊。教授们的肯定让我坚信在看似无厘头的道路上继续前行。

有着时常被认为无厘头的行事风格的我在南极找到了同道中人。在南极的船上，来自美国阿拉斯加的医生克里斯廷（Kristin）参与创作和表演了一部有关气候变化与阿拉斯加的话剧。她披着头巾，扮演一位在阿拉斯加面临气候变化导致的海平面上升而成为气候难民的母亲，语重心长地对自己的女儿诉说地球与她的女儿的种种故事。

克里斯廷是这次南极船上一同出行的唯一一名医生。用克里斯廷对外介绍自己的话来说就是，"耶鲁大学本科毕业，然后很乖地行走在精英主义的优秀道路上——顺理成章来到美国公立医学院排名第一的学府学医，而后因为喜欢户外而来到阿拉斯加行医，成为一名内科大夫"。爱笑的她总是穿着图案特别的裙子，戴着大大的耳环，配上银色短发，显得很有趣。我与克里斯廷在船上越交流，越发现"我们怎么这么像"，而克里斯廷的故事比她自己说出来的多得多。让我十分惊讶的是，克里斯廷这个拥有如此优秀简历的医生是个"宝藏姐姐"。当年18岁的克里斯廷来到众人瞩目的耶鲁大学，学习的是历史专业，她喜欢听故事、想故事、讲故事，尤其喜欢研究美国西部茫茫平原大地的复杂历史。于是，她和其他喜欢故事的美国人一样，选择了历史学作为专业。本科毕业的时候，克里斯廷选择研究如今史学界甚是流行的医药史。医药与历史一结合，有关医学的历史研究在克里斯廷本科毕业后就转变成了有人情味地行医。

十年前，克里斯廷参加了耶鲁大学校友会举办的中国四川熊猫之旅活动，她来到四川省中医院进行参访。这次旅途让她更加直观和深入地思考中西医等不同流派的医学。十年后，在南极望着夕阳，克里斯廷手舞足蹈地跟我形容当时的采访场景：似乎中医比西医在她参访的区域更加受欢迎，中国医生不像美国医生那样爱讲故事，用"我的病人如何如何"来形容自己的医术水平，但中国医生的学习能力很强，第二天就能学会另一种讲故事的方式。

如今，她一面行医，一面演话剧，还参与气候变化有关议题的政策倡导。克里斯廷有一位特殊的病人——一位今年99岁的老太太，她是第一个来到阿拉斯加生活的白人，这位病人从阿拉斯加没有道路的时候就开始在那里行走，而今阿拉斯加早就发生了翻天覆地的变化。这位 99 岁的老太太还有其他病人一直激励着克里斯廷，她想要为女儿做个好榜样，去华盛顿参与气候变化议题的发声！

克里斯廷的故事一直留在我的心底，感召我在社会企业这个史无前例的领域闯一闯。

社会企业"老土"

2018 年 9 月的《光明日报》是这样报道我的：

在深圳这座以敢闯敢拼的精神为人所称道的城市，有许许多多青年人以极大的勇气和坚定的追求走出舒适区，义无反顾地去追寻梦想，共同造就了这座"创新之城"。2018 年深圳十大好青年之一的罗易，就是这样一个鲜明的例子。这个在特区长大的 25 岁女孩，从小就对自然和乡土有着特殊的情结。在美国求学 5 年之后，她从芝加哥大学硕士毕业。她没有按照人们想象中的优秀"海归"学子的"常规路线"，去从事"高大上"的行业或高薪的工作，而是毅然选择回到祖国农村的田间地头和大山深处开始了自己的创业之路。9 月中旬，当记者见到罗易时，她刚刚去北京领取了联合国环境署颁发的荣誉——地球卫士青年奖中国区选拔赛青年环保人。然而，风尘仆仆的她只是用只言片语带过了获奖的事，随即兴奋地向记者讲述她即将赶赴湖北恩施利川进行龙船调原生态音乐再创作的计划。这个夏天，罗易还去了成都、凯里等地的山区，虽然晒得皮肤黝黑，神情也略显疲惫，但一讲起自己路途中的经历与收获就立即变得神采奕奕。

　　海归青年放弃优渥生活，做喜欢且有意义的事情，在近几年不是少见的故事新闻。对社会企业"老土"的酝酿为时已久。

2015 年，我与其他同学和电影导演特拉维斯·威尔克森（Travis Wilkerson）一起制作的一部有关美国加州洛杉矶半个世纪以来的雾霾治理的纪录片上映了。我和导演一同上台分享创作经历，观众中有一位九旬老人——美国人文科学院院士、生态经济学家约翰·柯布（John B. Cobb）教授。2012 年开始，作为学生志愿者，我为柯布教授的团队在中美生态文明论坛中担任翻译。在一次次的翻译中，我发现我对中国的乡土社会和环境保护格外着迷。国际发展格局下中国的独特发展路径成了我研究的内容，酝酿着乡村可持续发展的思考继续沉默地等待被激发。

　　2016 年春，我在美国首都华盛顿实习，从事环境智库政策研究工作。那时正逢柴静的一部有关雾霾的纪录片上映。从那时开始，环境保护在中国不再是政策制定者或者少数人讨论的议题。纪录片引起的这次社会热议也引发了我对自己兴趣的肯定，原来纪录片和环境保护并不小众，我可以勇敢地去选择这些"少有人走的路"。

　　2016 年，酝酿已久的社会企业"老土"正式成立，在复杂的乡村发展议题中成长。经过在芝加哥大学商学院社会企业比赛的十周，我希望通过"老土"这家社会企业改善城乡关系，引领绿色生活方式，促进农村可持续发展。

　　在过去几年间，我收获了很多"唯一"和"最小"，是"家园归航"项目中国队目前为止（截至 2020 年）最年轻的队员和联合国地球卫士青年奖中国区最年轻的获奖者。在工作中，大家跟我聊天最开始时常会惊讶地表示："我以为老土是大叔呢。"除了个人的荣誉，我也带领"老土"团队获得了由中华环保基金会与中国扶贫基金会联合一汽评选的"迈向生态文明 向环保先锋致敬"2019 年最年轻团队、2020 年德国博世基金会校友资助唯一中国项目、2021 年联合国生物多样性大会平行论坛参与单位最年轻公益机构的称号。

在中国目前的社会创新领域，主要的实践人群是千禧一代的青年人。在南极，我遇到了来自爱尔兰的塔拉（Tara），50 岁的她在社会企业领域创业，而社会企业创业者一般多为 20 来岁，我因此十分好奇。塔拉身材高挑修长，笑脸盈盈，脸上一点儿也看不出岁月的痕迹，她十分乐于助人。2010 年，塔拉开始为爱尔兰历史上第一位女总统玛丽·鲁滨逊工作，与其一同推进气候变化相关的议题。这份工作一干就是 8 年，直到机构停止运营。2018 年对塔拉来说是个大转折，喜欢突破规则的她对相关国际政策早已拿捏自如，还获得了国际环境与发展研究所（IIED）总干事的提名。

然而，塔拉内心的声音呼唤着她，她想让更多环境议题影响更多人。她 20 多年来一直有个习惯——每天早晨起来绕着附近的海岛游泳。在 2017 年的一次游泳过程中，她遇到了同样住在那座海边小镇的曼德琳（Mandelin）。她们一拍即合，开始了共同创业。她们创立了社会企业"Climate by Degrees"，面向社交媒体和企业开展绿色生活方式的课程。

在跟塔拉交流的过程中，我莫名其妙地被吸引，我们年龄相差悬殊,但我面对亲切的塔拉竟没有产生一点儿畏惧感,一次次感受到时空交错的神奇力量。我原以为中国正在经历的城镇化与剧烈的乡村转型过程至少在过去一个世纪中是东方独有的现象,然而塔拉用大眼睛专注地看着我,说:"爱尔兰的农村由于没有其他欧洲国家的工业化历程,在 20 世纪 60 年代也面临了城镇化、人口进城、乡村教育等问题……"

爱尔兰独特的发展历程也让我跟塔拉产生了更多的共鸣:跟着父亲去野外,对带领大家重新认识自然感兴趣,对有机农业好奇,想要影响更多人、政策、社会企业……我们人生的片段和关键词竟是如此相似。

我不禁有些期待,岁月的痕迹会怎样让人生的探索、情怀与初心发酵。我希望用"老土"这个平台连接城市青年和国际顶尖资源,为中国乡村带来更多可持续发展的陪伴与力量,让世界听到中国的乡土智慧,让农民参与环保发声,让中国特色可持续发展之路引领世界,让每个人的生活更加绿色、有韧性,让人们在疫情后时代健康、快乐地生活。

(关于罗易:"家园归航"第三届成员,也是项目前五届中国队里年纪最小的一位。2018 年联合国地球卫士青年奖中国区获奖者,深圳十大好青年,跨界策展人,纪录片制作人,原创中国首个乡村教育体验项目。)

第三节　人与自然

回到梦开始的地方　　　　　　　　　　　　　　　孙翎

　　我做过很多梦，成为一名天体物理学家是最天马行空却终成现实的梦想。2015 年 9 月 14 日，人类首次观测到来自宇宙深处的引力波。一百多年前，爱因斯坦预言了引力波的存在。而这第一个被激光干涉引力波天文台（LIGO）捕获的由两个黑洞并合碰撞产生的信号，经过了 13 亿光年的漫漫时空到达地球，告诉了我们很多我们曾猜测并想要证实的关于黑洞的秘密。从 2014 年加入 LIGO 科学合作组织起，我直接参与了多项引力波数据分析方向的科研工作，成为这项被写入史册的发现的一分子。2019 年，在第三次引力波观测准备阶段和运行初期，我作为加州理工学院 LIGO 实验室的一名博士后研究员，先后驻扎在两个 LIGO 观测点投入第一线工作。这是我梦寐以求的人生。

上海：IT 女的物理梦

我出生在 20 世纪 80 年代的上海，按部就班地从离家不远的小学升入离家不远的中学。高中毕业后，我考入上海交通大学，因为擅长理科就顺理成章选了工科专业，在通信与信息系统方向上一直读到硕士。读研期间，我被上海 IBM（国际商业机器公司）中国系统与科技开发中心（CSTL）录用为实习生，做存储软件开发，一直到毕业转正，我成了一名 IT（信息技术）女工程师。再后来，我在 IBM 从软件工程师转做了项目经理，有一支非常好的团队，人生似乎水到渠成，波澜不惊。

可是我有一个蠢蠢欲动的、时不时都要爬出来闹腾一番的物理梦。

刚进高中的时候，我曾经是一个物理学渣，怎么都弄不明白那些"妖娆"的力和运动。幸好我有一位好老师——杨浦高级中学的王育杰老师，他教给我们很多应试之外的方法（比如简单的导数积分），分析物理现象的本质而不只是解题思路，指导我们做课外研究实验，等等。我忽然之间好像获得了武林秘籍，醍醐灌顶，豁然开朗，从此开始对各种物理问题着迷，想不明白就睡不着觉，物理成绩一下蹿到了年级最前面。但后来填高考志愿时，年少的我只是迷迷糊糊地随大溜，填上了一排热门的信息行业相关专业。可我还是喜欢物理，于是把物理专业填在了志愿表的最后一格，抱有如果发挥失常或许还能被调剂去物理系的美好愿望。最后，我光彩无限又灰头土脸地去了第一志愿。

我在大学时代常常不务正业，要说学得最好的一门课，不是通信，也不是计算机，而是大学物理。我遇到的第二位对我影响很大的老师就是上海交通大学物理系的高景教授。他给我们高中做过讲座，讲爱因斯坦的相对论，自那以后，我始终心心念念地想着要学相对论。我因为不是物理系的学生，选不了他上的物理课，于是后来想方设法混进了他教的班里，教室里放眼望去全是男生。教授喜欢点到即止地讲很多有意思的物理问题，没有答案。我乐此不疲地花大把课余时间琢磨，想不明白的就问他，他都会很耐心地给我讲解。

大一、大二的基础物理课程结束之后，我就彻底和正统物理教育告别了。我有时候会自学一些教科书，兼职做物理家教，选一门天体物理选修课，但还是把大多数时间放回到主业计算机通信上。可我那学物理的心却从来没死过，有一阵子，我特别不喜欢自己的专业课，偷偷研究怎么转去物理系，却还是没有勇气落实到行动上。再后来，我一度特别想去加州理工学院做物理科研，考了 GRE 和托福，研究了各种申请途径，最终在挑战跨专业申请的高难度和接受本校本专业直研名额之间选了后者。

我挣扎了整个大学时代，好像总是少了一点点豁出去的勇气。后来我很顺利地读研，有了不错的工作，遇到了很好的老板和团队，推动着并不乏味的项目，有了安稳的生活，只是少了一点点狂热。我曾以为，我的物理梦从此终结了。

西藏：找寻自我的第二故乡

2009 年，我第一次去西藏就爱上了那片离天空特别近的净土。后来一次又一次，我曾 8 次走进西藏，徒步墨脱，转山冈仁波齐，俯瞰拉姆拉错，去那些最原始、最纯净的地方，去需要翻山越岭徒步才能到达的地方，去了解大山深处真诚而淳朴的人们和对世界充满好奇的孩子。每次我到藏民家借宿或小憩，哪怕语言不通，他们也都会把家里最好的食物拿出来招待素不相识的客人。质朴的笑容和递到手里的温暖，让人动容。那里的空气是不同的，因为氧气稀薄，我总觉得可以闻出干净的味道来，它带着凛冽却温暖的甜。朋友开玩笑说，那才是你的故乡。是啊，它是我的第二故乡，一个远离我惯常生活的世界，远到我可以跳出自己的舒适圈，看到不一样的人生。

我有时会跟人提起去墨脱的经历。墨脱四面雪山环绕，如同盛开的莲花，需要翻过约 4 200 米高的多雄拉山垭口，越过冰雪覆盖的陡峭山脊，穿过蚂蟥横行的茂密丛林，才能到达海拔 800 米的小县城。一路上，我遇到的背夫和藏族朋友们微笑着，伸出手拉着我跨过沟壑，这曾给我强大的力量，却不需要任何言语。经过这遥远艰辛、与世隔绝的旅途，我终于抵达隐匿在深处的秘境，那一刻的欢喜，抹去了身体上所有的疲惫和伤痛。所谓的困难，都不过是懒于付诸行动的拙劣借口。

我开始重新审视自己。如果可以重新开始……

墨尔本：逆转征程

我还是会因为偶然聊起相对论而激动不已，我发现书柜里物理书的数量总是压倒性地超过计算机书，我和丈夫计划着改变，去别处工作、生活。2013 年年末，我决定申请去地球另一边的墨尔本读天体物理学博士。

回忆起来，我并没有做任何调研或者咨询学术界的朋友，想的只是要找广义相对论相关的研究方向，于是我把墨尔本大学天体物理系各个教授的研究方向都查了一遍，发现根本看不懂。最后我选中了引力波项目，不是因为我有前瞻性，知道不久的将来有望直接探测到引力波，而是因为它是爱因斯坦基于广义相对论的预言——唯一我略知皮毛的方向。

我立即动手整理申请材料，困难在于我实在没有什么物理学科上的成绩拿得出手，我没有发表过文章，连专业课成绩单都没有，只能写一封坦白但真诚的申请信。当我发出所有材料，又跑到西藏放空的时候，教授回了邮件约我Skype①一叙。我没有想到一切进行得相当顺利。我曾担心自己因为贫乏的物理专业知识而无法通过"面试"，事实却是教授根本没有考我任何物理专业问题。也许是我的坚定和执着打动了他，我记得当时他很认真地问了我一个问题："你有很好的职业发展，你确定来读物理学博士不是一时兴起？"我很认真地回答："我想学物理想了十多年，那绝对不是一时兴起。"之后正式走流程申请学校和奖学金，前前后后大约只用了一个多月，我甚至都没有反应过来，那些想问题想得走火入魔的美好岁月真的又回来了。

读博第一年的日子里，我恶补各种曾经缺席的物理课程，有些东西即使我多年前出于爱好了解过，专业系统的学习还是给我带来了巨大的惊喜。在学习电动力学和广义相对论的那段时间里，我终于有机会读懂那些美妙的方程。世间的感动往往源于久别重逢，原来是真

---

① Skype 是一款即时通信软件，具备视频聊天、多人语音会议、多人聊天、传送文件、文字聊天等功能。——编者注

的！我在学习的同时开始做科研项目，搜索、分析来自中子星的持续引力波，并撰写科研论文。有人问我是不是很辛苦，我说一点儿也不，那是我人生中最快乐的一段日子。那些遥远的高速旋转的致密星体，原本并不会与我有任何交集，如今却成了我时时念叨的旧友。

我的导师安德鲁·麦拉图斯（Andrew Melatos）教授，是第三位对我影响深远的物理老师。他总是可以随口精准估算那些天文数字级别的参数，总是可以条理清晰地边讲解边写满好几页缜密的推导过程，总是可以用一句话戳中问题的要害，总是一遍遍细致入微地给学生修改文章。对于我这样从来没有写过科学论文，并且从来没有用英语写过论文的学生，他不仅提出关于研究和论文本身的建议，还不厌其烦地一字一句给我修改语法和拼写错误，在纸张边缘写上英语惯常用法。对这些帮助，我深深感激和受用。

更感染我的是导师对物理学的那种眼里放光的热情，若有新的想法和发现，他常常会像个孩子一般大笑着跳起来。"但科研很多时候并不是一帆风顺的。"他说，"我很多年前致力做过一些研究，但后来发现它们并不是那么紧要，现在做的研究也许多年后也会被证明并不都正确，可这就是科学，那些过程让人挣扎却又极其享受，那是真实的来自未知的痛苦和快乐。"我深以为然。我也喜欢爱因斯坦说过的一句话：科学思维的主发条并非为之奋斗的外在目标，而是思考所带来的愉悦。

加利福尼亚：一梦十年

2016 年伊始，作为我博士研究生学业的一部分，我来到美国加州理工学院进行为期三个多月的访问交流。那恰巧是在首个双黑洞并合引力波事件最后的验证阶段和公布前期。新闻发布会的当天，我坐在加州理工学院分会场，听到那一句"我们做到了"，真实地流下了眼泪。我流泪或许不是出于像那些为此奋斗了大半辈子的科学家终于斩获成果的感慨和激动，而只是因为一个最好的时刻的相遇，因为一场历久弥新的坚持。

我偶尔喜欢站在物理楼外的树下，看加州大尾巴的胖松鼠抱着食物上蹿下跳，有时躲到高处得意地看着树下的人。这个古老的校园见证过很多我认知之外的奇迹，终于有一天，我也站在了这里，试图读懂这个世界的规律。十几亿年过去，当我们终于收到信号，彼时的世界早已不在。渺小如我们，也可以建造这世间最精密的仪器，捕捉宇宙中那些曾经的吟唱，偷窥这个宇宙让人既兴奋又伤感的秘密。

之后，我回到墨尔本继续完成我的学业。可是我知道，有一天，我还会再回来。

2018 年，我如期获得了博士学位。同年夏天，我成为加州理工学院 LIGO 实验室的博士后研究员，继续我在引力波方向上的科研工作。我花了三年证明自己，证明没有物理专业背景，从头来过，一样可以做到出色。这个我曾经梦想的 offer（录用通知书）迟到了 12 年，但我终于把它找了回来。

在温暖的南加州、潮湿的利文斯顿、荒芜的汉福德，我和那些我所仰慕的科学家一起做引力波分析、探测器校准、相对论验证等多个科研项目。这一年，我发表了数篇科研论文，并获得 LIGO 实验室探测器表征和校准卓越奖，这对我在近实时引力波应变估算，为当前观测采集的所有数据结果提供基础所做出的贡献给予了肯定。我给了自己答案，兜兜转转，回到梦开始的地方，这是我做过的最好的决定。

南极：人生未完待续

南极，那片远离这个喧嚣世界的土地，是我另一份遥远的情结。

2017年，我还在墨尔本大学读博的时候，曾被选为学生代表参加南极低空飞行的航班项目，在特殊的空中实验室为中学生演示物理实验，讲解地球的磁场和南极的科研。近距离俯瞰那坚不可摧的冰盖，美丽得如同幻觉，殊不知冰川正在快速消退。那是地球上最纯净的一片土地，它原始、美丽、敏感而脆弱。那些美好的地方、美好的生命，正在逐渐从我们的世界消失，我迫切地想要更多地了解这片土地，去认识我们所能寻求的平衡，让这个世界多保留一点儿它原来的样子。

2018年，作为一名女性科学家，我入选了"家园归航"第四届团队，于2019年年底登上开往南极的航船。这是一项关于南极、关于科学、关于地球保护、关于女性领导力的项目，更是一段重新认识自己的旅途。我曾经问自己为什么要去南极，团队中有很多研究南极、海洋、冰川和环境的专家，而我做的研究和地球的未来有多少联系，我似乎并没有答案。

当我遇见这100多位来自不同领域的杰出女科学家，倾听她们诉说各自人生的故事和科学的挑战，而船的前面，南极大陆正在眼前铺开的那一刻，所有的疑问都迎刃而解。我们静默着，俗世的喧嚣消失了，没有国界，没有时间，没有隔阂，只剩下冰山的呼吸、企鹅的脚步、鲸鱼的低吟、自然的呼唤。我听见了，听懂了，记住了。那是我们都深爱着的世界，那是我深爱的有故事的人生，我也看到了我心底深爱的那个有梦想的小女孩。

闭上眼睛，我看见小时候的自己，因为患严重的哮喘，很多时候拼尽力气只是为了一记喘息。我跟自己较劲，非要咬着牙完成 800 米跑步的体育测验，奔跑是如同噩梦一般的记忆。很久以后，当跑马拉松变成了我生活的一部分时，我才发现原来跑步时的呼吸和心跳有这样美好的节拍。那个小女孩长大了，痊愈了。我终于可以自由地奔跑，不紧不慢，那些疼痛已经远去，褪色为记忆里不清晰的片段。我奔跑着追逐年少时的梦想，奔跑着去拥抱这个世界，此刻的呼吸是真实的，它通过我的身体带来了自省和勇气。

生命可以有太多可能，也许你曾经疼痛、挣扎、彷徨、放弃，何不尝试给自己一个机会从头来过？也许你会遇见更好的自己。世界这么大，人生并不长，如果有梦让你为之疯狂，一定不要轻易放过。我很庆幸，我有无条件爱我、支持我的家人；我很庆幸，我遇到了很多给予我帮助的导师和朋友；我很庆幸，我一直都在坚持。

（关于孙翎："家园归航"第四届成员，刚刚转型成功的初级天体物理学家，有着西藏情结、爱往山沟里钻的徒步和摄影爱好者，素食马拉松跑者，猫奴。）

向着未知，步履不停 　　　　　　　　　　　　　　　胡婧

　　我想去南极，其实刚开始也没有什么特别的原因。和大家一样，我对世界尽头的一片未知很好奇，很想去看看。也正好是2字开头年纪的最后一年，我觉得我要做一些挑战，测试一下自己的胆量。"家园归航"第一届去的唯一一位中国女性姚松乔是我在牛津认识的朋友，我从她那里了解到"家园归航"项目，于是报了名，没有想到竟然入选了。

　　从入选到真正去南极之前有一年的培训时间，身边不断有人问我："你一个小女孩去南极，危不危险啊？不怕吗？"其实我心里的确有点儿怕。特别是我看到过BBC（英国广播公司）的纪录片里说，船在德雷克海峡的十几米巨浪中就像在滚筒洗衣机里一样，我心里默默祈求，能活下来就是最好的结果。

　　结果却很棒。我不仅收获了一大批来自全世界各地的优秀女性朋友，听了好多简直不敢想象的故事，做了好多正常生活里不太能做的事情，也在世界尽头的冥想时刻知道了世界的美和脆弱，人类与自我的可为与不可为。

　　想一想，我这十年里的经历和去南极的经历也有点儿相像。一开始，我只是来自世界各地的众多人选中的一个，只是因为学习好又听话，于是在某个拥挤的火车站里，碰巧有幸搭上了一班前往霍格沃茨魔法学校（对我来说此处指牛津）的特快列车。其间，我碰到了特别

好的导师和环境，见到了不同的世界，然后做了一些平时不太会做的事情——去办牛津气候变化论坛，去美国国家实验室工作，去联合国实习。到最后，我跳出舒适圈，重新学习，面对不一样的环境，为自己的事业奋斗。"这简直疯了。"用这句我们在船上看到眼前的南极时经常发出的感叹来形容这段历程大概也算恰当吧。

梦想尖塔之城

英国著名诗人马修·阿诺德为牛津写过一首诗："那甜蜜的城市，是梦想尖塔之城。她无须美丽的六月，再为她的美丽锦上添花。"因此，牛津大学常常被人称为 the city of dreaming spires（梦想尖塔之城），不仅仅因为它是很多人心目中的学术尖塔，也因为它有很多的尖塔建筑。而从小喜欢"哈利·波特"系列作品的我，觉得这里简直就是霍格沃茨魔法学校。

2012 年秋，我正式进入牛津大学材料系读博，主攻方向是用透射电子显微镜研究能源材料。我的博士生导师是当时材料系的系主任克里斯·格罗夫纳（Chris Grovenor）教授。他做了 8 年的系主任，每周工作 80 个小时，其中 40 个小时用来处理系里的行政工作，另外 40 个小时用来做科研。以至于在他离任之后，材料系现在有两个兼职系主任，每个人处理行政工作 20 个小时（我猜不是所有人都愿意每周工作 80 个小时）。哪怕工作这样忙，他还在牛津的板球队训练，每周参加牛津城市管弦乐队的训练。他吹巴松管，时常给我们票，请我们去市政厅看他的演出。

我总觉得我的父母教会了我如何做一个好的"生活"上的人，而我的导师和材料系教会了我如何做一个好的"学术"上的人：如何行走（如何使用各种各样的科研仪器），如何说话（如何在满屋子坐着不同背景的参会者的会议上清晰地表达观点），如何写字（如何写出有理有据的论文和报告）。导师和材料系在我学术生涯的"孩童时代"告诉了我如何正确地做一件事情，以至于我在之后知道什么是正确的、最好的。

牛津大学是透射电子显微学的发源地，每一台这样的仪器都是四五百万英镑（约合四五千万元）的价格，如果是在国内，老师们可能不会轻易交给学生操作，而系里的老师总是说："Things happen and it's OK.（事情总是会发生，但是没有关系。）"于是我就在这样一次又一次的犯错中学会了怎么操作越来越复杂的仪器，解决越来越多的问题。

做一些不一样的事情吧！

梦想尖塔教会我的两件事：一是学术自由，探索自然的奥秘；二是交叉融合，认识世界的丰富。

在学术自由上，我的导师总是鼓励我去尝试新的想法，做新的实验，去不可能的地方，完成不可能的任务。他总是让我自己做决定。在我们去美国参加我们专业领域里每三年一次的"奥林匹克大会"时，我有点儿担心在这么大的会议上由我来发言不合适，而他告诉我："你自己做决定，12 点前告诉我。"第二天我还是去发言了，最后还得到了该会议的最佳论文奖。会后，我碰到的前辈说："我在听你的讲座时觉得好像你有一顶魔法帽子，今天有一种新的做法，明天又有一个新的发现。"嘿嘿，看来霍格沃茨我没白上。

在学科交叉融合上，除却自己的专业（材料系），我们还有各自的学院，学院里都是不同系、不同专业的同学。有文化冲击吗？当然有。我特别喜欢牛津的各种各样的演奏会、戏剧表演和展览。在学院里，我们每周都有要穿正装和黑色长袍出席的正式晚宴，每个学院还有很多不同的仪式。在中国，我从小被教育"食而不语"，而牛津锻炼了我有趣地"饭间尬聊、谈天说地"的能力。我正是因为这样的充满好奇心的"尬聊"，才交到了好多背景完全不一样的朋友，看到了好多完全不一样的世界。

牛津也有非常多的交叉学科的论坛，因为我研究的内容和能源材料相关，我就经常去环境变化研究院。我在那里的各种讲座上学习了很多跟气候变化、能源科技和能源政策相关的议题，每周一次次的活动让我做一些事情的想法也越来越多。

不要让完美主义成为行动的敌人

整个牛津镇是一个非常"绿色"的地方，不仅校园和镇上到处都是公园和花园，镇子中间还有河流穿过。学生们也常常"撑一支长篙"坐船游玩，在河边跑步，以及举行一年一度的牛津剑桥划船比赛。

牛津的绿色也在于民众和政府对环境保护的支持：整个牛津镇要在 2020 年实现 40% 的碳排放减排，这样的提议得到了包括学校和镇政府的支持。在学校里，2015 年的巴黎气候大会是特别重要的一场会议，我和材料系学习太阳能的女生妮娜一起在大会之前举办了英国最大的学生气候变化会议：牛津气候变化论坛。在镇上，我和几个朋友一起去帮助低碳牛津组织调研个人家庭和学校资助建立分布式太阳能站的可能性，得到了当地很多家庭的支持。我还和国际青年核能大会的朋友去了巴黎气候大会，为核能作为低碳能源的解决方案之一发声。

从牛津大学毕业之后，我在维也纳的国际原子能机构（IAEA）工作了半年，协助本专业领域里的专家撰写一部行业内的一千多页的书，举办行业研讨会，这也让我看到了不同国家之间的科技合作和博弈。再后来我去了美国，在位于芝加哥的阿贡国家实验室做博士后研究，因为我负责的是一台全球少有的原位辐照透射电子显微镜，我们接受来自美国各大高校和世界各地来我们这里做实验的用户申请机时和合作，我也真正了解到国家实验室平台和大型科研装置的重要性。

面对气候变化，大家都觉得这个问题太大，自己又可以做什么呢？在这个世界上，我们最大的敌人是冷漠。我常常告诉自己："Don't let the perfect be the enemy of the good.（不要让完美主义成为行动的敌人。）"这个世界早就没有了"超级英雄"，每一个人都可以在力所能及的范围内做一些贡献。

这些年里，我无法不注意到自己关注的点都有一个主题。我原以为，开发新一代的清洁能源材料是我一直想做的事情，可是到最后我却发现，我更关心如何让这些科技变成真的触手可及的技术解决方案，这需要年轻人打破固有系统，用环保的初心和科技的创新来做出积极的改变。

"你真的了解中国吗？"

2019 年 2 月，我回国了。就在芝加哥零下 30 摄氏度的那天，1 600 趟航班停飞，我搭了最后出港的那趟航班到达拉斯，辗转回了国。我在牛津的好朋友要创立一家跟第三代量子点太阳能相关的初创企业，他知道我关心清洁能源和气候变化，希望我加入。

我做好准备了吗？好像没有。但是里德·霍夫曼曾说，创业者就是要在跳下悬崖的那段时间里组装出一架飞机。我在硅谷见过的初创环境都特别让人激动，更何况我相信真正的科研要想做一些改变，就必须在实验室里"变出"可以产业化的清洁能源产品。所以，跳一跳，我们打算试试看。

从芝加哥的零下 30 摄氏度到深圳的零上 30 摄氏度，一切都是新鲜的，每一天都是挑战，都让我看到了完全不同的世界。我们在宝安区北边离机场 20 分钟车程的地方租了实验室，那里原来是一间 100 平方米的办公室，所以我们需要一点一点搭实验室。刚开始我们没有钱，很多仪器随随便便就要十几万元，我们负担不起，于是就自己设计零部件，找厂商加工。我们渐渐地把一边搭成化学实验室，用来合成量子点太阳能材料，另一边是物理实验室，用来制作柔性太阳能电池器件。

2019 年 4 月，我们之前谈好的投资因为一些原因无法落实，我们又开始漫漫融资之路。我们跟创投圈不熟，只好通过参加一些比赛来认识投资人。我的朋友觉得我的亲和力高，总是让我去参加比赛。这样的比赛，我大大小小参加过四五个。我遇到的投资人经常对我说："哇，你一个小女生，怎么想着要创业？"也有投资人看了我的路演要和我们见面，对方第一句竟然问："你是 CEO 吗？是的话，我们不投女性是 CEO 的公司。"我总是觉得，我有机会可以把想做的事情做成，无论怎样也要往前推进，哪怕是一点点。只要想做一件事情，我是女生又怎样呢？为什么不去做呢？

我这一路跌跌撞撞见了不下 100 个投资人、机构、政府部门，还当面给科学技术部部长、深圳市委书记和王石先生介绍我们的项目。他们说："很好，柔性供电需求很大。"我一路被鼓励，也深深感受到祖国和深圳对科技创新事业的支持。后来我们还当选了福布斯中国 30 位 30 岁以下精英。可是就在我接到通知的那一天，我才知道我们之前来来回回谈了三个月，把 TS（投资协议条款清单）都来回打磨了几遍的天使投资决定不投了。"我们还要再考察考察。"投资人说。

还记得我刚回国时有投资人问我："你们真的了解中国吗？"我笑了笑："我只是出国念了书，又不是在国外长大的，怎么会不了解中国？"失去天使投资，也许是因为 2019 年投资基金断崖式下跌，也许是因为我不了解商业，可是现在看来，似乎是因为我不够成熟，不了解中国，也是因为我以前一直待在象牙塔里的完美气泡里，但是现在这个气泡破了，所以我哭了。

南极是天堂在人间的映照

我是在什么样的状况下去的南极呢？

当时我连续一个月没有休过假，谈好的投资突然黄了，需要给新招来的已经开始上班的员工发工资，10 月的深圳气温也高达 27 摄氏度，我完全无法想象去南极会是怎样的。虽然在过去的这一年里，"家园归航"每个月都做了各种相关的线上领导力培训，让我们在心理上准备好，但是坦白说，我在去之前所做的心理建设就好像是要拎个包去南京出趟差，而不是前往世界另一头的南极。所以当我坐了三天的飞机抵达乌斯怀亚的时候，我觉得我已经很了不起了，安全飞过来了。谁又知道接下来会发生什么呢？

而在随后的三周里，我就好像坐了一段过山车，永远也不知道下一个拐弯在哪里，有好多"啊哈"（即灵光一闪）瞬间。

南极是天堂在人世间的映照，这个说法应该不过分吧？这里就是一场深浅不一的蓝色的梦，梦里有在面前轰然崩塌的冰川，有宛若地外星球般满是浮冰的海面，更有令人无法忘怀的晚霞映红的海峡。

在南极，自然的宏大叙事和人类的渺小都被清晰地放在眼前。我们肉眼可以看见的冰川如此巨大，但冰川 90% 的体积都在海下。站在岩石边时我会想，这些山都是几千万年前形成的吗？在陆地还没有浮出海面，在海底还只有微生物的时候，这些石头就因为一场火山爆发而裂开了。9 000 万年前的南极还是热带雨林，一层一层的石头堆积起来，慢慢浮出海面，被穿过山的风和温柔的水侵蚀。再到 20 世纪，它才被人类发现，从而展现如今让大家无限感慨的壮观画面。

人类活动对南极的影响也被直接放在我们面前：萌萌的小企鹅和海豹因为气候变化而要迁徙到更南的地方，还有因为水温变暖而产生的全球洋流带来的极端气候变化。海洋吸收了 90% 的热量，而海洋里的浮游生物相当于另一片热带雨林，作为地球的肺帮助吸收二氧化碳。

这里真是万物有灵且美啊。在这片景色前，我的存在感简直无从说起。每一层雪都有上百年的历史，而人类只不过是小小的一层，而我更是微不足道地吹过的一缕风而已。

南极之后，再次起航

从南极归来后，有很长一段时间我都觉得不真实。闲暇时分，我会翻一翻当时的照片和影像，才确定这件事情真的发生过。

南极给了我一个信念：有一个无比纯净的地方，它像外太空一样不可思议，但却又是真实地存在于这个世界上的。我相信有这样的地方存在，也愿意在自己的心中留一块这样纯净的地方，把它装满我感受到的来自自然和人的爱，但我不会把那些不好的想法装在心中。

在南极云起云落的宏大景观面前，重要和不重要的事情的界限立马显现了。各种纠结的小情绪显得尤其微小。气候变化很重要，因为我无法接受这样的景色会在我们可见的未来发生改变，也无法接受气候变化会改变那些原先生活在这里的动物和植物。

而要改变现状，一个人的力量够吗？如果是女性，可以做到吗？

"家园归航"也总在强调两句话："地球母亲需要她的女儿。我们在一起会更强大。"所以，我们不必害怕。

我为什么去南极？应该不仅仅是为了在脆弱的极地里探索世界，也是为了在无尽的未知里深刻自省吧。我在向内向外的探索路上，走向未知，步履不停。

（关于胡婧："家园归航"第四届成员，关心气候变化的材料科研工作者。致力于以材料科技的力量促进人与自然最质朴的交互，提供更绿色、更环保又触手可及的技术解决方案。）

深度好奇，挑战人生   胡熙

　　在目前"家园归航"历届中国队的姐妹里，我是唯一一个还没有去过南极的人。我很期待2022年属于我的独特的南极经历。用眼睛看过，用耳朵听过，用心感受过，才会有非同寻常的体验。这种体验冥冥中甚至决定了我们成长的轨迹。因此我相信，一个地方可以成为一位很有力量的老师。我在英国、非洲、印度、南美洲和美国学到了不同的东西。南极必定也是一位老师，它会教给我什么呢？

14岁开始的懵懂留学路

　　我很幸运，出生在一个非常和睦、幸福的家庭。但是由于父母工作忙，我从上幼儿园就开始了寄宿生活。每周日晚上，妈妈会骑着爸爸买的三轮车送我去幼儿园，到周五晚上再把我接回家。爸爸会在家等我和妈妈回来，并和我聊天。上小学后，我当过班长、三好学生，连续两届被评为"未来之星"。那时，班里的同学们都信任我，遇到不开心的事总要找我诉说，我也会很热心地开导、安慰和鼓励他们。小学毕业后，我顺利地考上了初中。寄宿生活虽然辛苦，但是我过得很开心，同学们就像我的兄弟姐妹，老师就像父母。

　　从小在外的生活，让我学会了独立和坚强。也可能是因为这个原因，当妈妈问我愿不愿意去英国读书的时候，我想都没想就答应了。就这样，刚满14岁的我懵懵懂懂地拿到了去英国的机票。在机场的

时候，爸妈把我的手抓得紧紧的，眼睛也红红的，不断地说："熙熙，照顾好自己，想家了，就打电话给爸爸妈妈。"我心里很难过，但还是告诉自己，一定不能哭，一定要坚强。直到父母离开，我才"哇"的一下哭出来。那个时候我才意识到，下一次见到爸爸妈妈要在一年后了。我告诉自己，家里并不是很富裕，攒了好多年积蓄才有这个机会，所以我一定要好好珍惜它。

就这样，我带着眷恋、忐忑和梦想，经过十多个小时的飞行到达英国伦敦，正式开始了我在英国 15 年的留学生涯。我要去的第一站是剑桥。在那里，我将完成我的中学教育和大学前的预备教育。到达剑桥后，监护人带我去学校报到。学校的相关负责人热情地帮我登记入学并告诉我，我是他们学校最小的国际学生。

不幸的是，监护人告诉我因为签证延误，学校给我预留的房间没有了。当时校长看我太小，说可以帮我推荐一个很好的寄宿家庭。但是由于寄宿家庭的妈妈刚生完孩子，所以不确定他们是否愿意收常住的孩子，希望让我和他们见一面再说。我当时想，这下完了，我只会说几句基本的英文，更听不懂他们说什么，怎么让他们接受我呢？见面之前那一晚，我没有睡着。我从笔记本上撕下一页，用蹩脚的英文一个字一个字地写下："请让我留下来。我保证我是个好孩子。"

第二天，监护人开车带我来到寄宿家庭门口。监护人按了门铃，我心跳加速，异常紧张。开门的是一个黑人，这是我第一次面对面见到黑人。"你好，欢迎！"他把双手张开，给了我的监护人一个拥抱。我躲在监护人身后，被这举动吓到了。监护人跟我解释说，这个黑人爸爸来自加勒比海岸，他们的性格比较奔放。这是文化差异。我似懂非懂地点了点头，把手伸出来想跟他握手。他说："你就是那个小不点儿吧？欢迎！"他也给了我一个拥抱。虽然这让当时的我感到非常不习惯，但是不知道为什么，那个拥抱让我心里平静了很多。

我们走进他们家，看到寄宿家庭的妈妈抱着个小宝宝。小宝宝长得特别可爱，一头大卷毛，圆嘟嘟的脸。她身后躲着一个大概 4 岁大的小男孩，也是一头大卷毛。看到卷发，我突然感到很亲切，因为我的头发也是自然卷。从小，同学总是笑话我的卷发，现在突然能派上用场了。我把梳起的头发放下来，跟他们说："我的头发与你们的一样。"小男孩不再害羞，过来摸了摸我的头发，把我带去了他们家的客厅，我和他玩得很开心。几个大人也跟着进了客厅并哈哈大笑。这时，寄宿家庭妈妈对监护人说："她已经融入这个家庭了。"就这样，我战战兢兢地顺利通过了人生中的第一次"面试"，开始了长达 5 年多在这个家庭的寄宿生活。他们像待自己的亲人一样待我，我也跟他们很亲近。我还跟着他们去过美国、巴巴多斯、多巴哥等地。

对适应能力的考验

与第一代中国留学生相比，我很幸运，没有太大的金钱和物质上的困难。但是，我还是经历了很大的心智上的磨炼。2002 年，外汇特别高，又有时差，为了节省电话费，我规定自己一个星期只能给爸爸妈妈打一次电话。刚离开家不久，我特别想念爸爸妈妈，就躲在卫生间里哭。周末打电话给爸妈的时候，我从不敢跟他们说自己不开心，总是报喜不报忧。当时发邮件不是很方便，中餐馆也非常少。一份麻辣豆腐要 5 英镑左右，换成人民币是 70 多元，而在国内只要 4 元多一份，我实在是舍不得吃这么贵的菜。但是我每当嘴馋实在忍不住的时候，就还是会去中餐馆。为了省钱，我和我表姐两个人吃一份菜。由于怕被同学看到笑话，我们会躲在学校后门吃。晚上回到寄宿家庭，我也不习惯吃奶酪、意大利面等，只好放一小勺从国内带去的辣椒酱，把饭吃下去。

我刚去英国的时候，语言不通，上课很吃力。课本上的一句话，我大概能看懂两三个词就不错了。语言学校的老师告诉我，要想使自己的英文变得真正好，就必须用英文思考。所以我把英汉字典锁了起来，买了一本全英文字典。我给自己设定了目标，每天背这个字典里的 20 个单词及其定义。在学校，我也经常与不同科目的老师聊天，遇到不会的词就用手比画。回到家里，寄宿家庭的每个成员都非常支持我，天天陪我练习英语，我还和寄宿家庭的弟弟一起学识字。功夫不负有心人，一年后，我参加了英国的 IGCSE（国际普通中等教育证书）考试，成绩达到了英国本土学生的平均分数。我口语拿了 A，达到了将近母语的水平。慢慢地，我也习惯了英国的生活和饮食。我看到寄宿家庭需要招保姆，于是就主动要求照顾弟弟和妹妹。就这样，我首次有了自己的收入，每个星期可以赚 20 英镑，这足够我买几份中国菜了。

文化碰撞：重新塑造思维方式

语言学校的课程结束后，我正式进入了英国的教育系统。刚开始上课时，我很自大。教科书里的题目，特别是数理化，都是我在小学或者初中学过的。但是，第一次考试结果让我很伤心，我只得了 D。

我去找老师询问，为什么我答案都算对了，可是没有拿满分，她说："因为你没有解释你是怎么算出来的。"人文科目也非常不一样，这些科目的考试题目都没有固定的正确答案，主要是看考生如何提出论点及能否把这些论点以一种比较有逻辑和批判性的思维方式陈述出来。我第一次认识到，我现在处于一个完全不一样的教育系统中，我必须重新摸索我的学习方法。我也开始思考为什么中国和英国的教育系统会这么不一样，两个系统的利与弊，以及国家与国家之间为什么也会这么不一样。

虽然英国初中课程的内容比较浅，但是涉及范围非常广。我选了几门非常有挑战性的科目，包括戏剧。这门课对英语的要求非常高，但是可以帮助学生练习演讲能力并且了解欧洲各国历史。我找到我语言学校的老师，问她可否在有空的时候帮我练习英语，她欣喜地答应了，并且热心地帮助我提高英语水平。经过两年的努力，我从刚开始的惧怕进步到后来慢慢找到了自信，开始演说，并主导舞台设计等。毕业的时候，我的戏剧考试成绩是全年级最高分。同时，我在其他各门功课上也取得了不错的成绩，考上了英国排名前五的高中。

高中时期，我经历了学习生涯中的一个低谷。我的同学在初中时基本上都学了12门课，而我只学了10门。我选择了继续学习西班牙语。学这门课，从考大学的角度来说，并不是一个好的选择。因为高中时所学课程的成绩，都是大学录取时的重要参考数据。而用第二语言学第三语言，对我来说无比艰难，我从小完全没有接触过中英文以外的语言，对西班牙语完全没有概念。初中到高中的跨度也非常大。英国的高中开始要求知识的深度，而不是像初中那样的泛学。西班牙语老师劝我放弃，说我模拟考试不理想，会影响学校的评分。我当时非常沮丧，其他科目的学习也不是很顺利。我第一次打电话向妈妈诉苦，说我每天头很疼，不想念书了。电话那头的妈妈开始向我道歉，自责不应该在我还未成年时就将我送出去留学，同时也不断地安慰和鼓励我，还给我寄国内的各种复习资料。虽然这些资料我都没有办法用，但是它们却给了我极大的信心。我想我不能辜负爸爸妈妈，我要坚持学下去。我的寄宿家庭妈妈也很关心我，她知道我想克服困难继续学习，于是带着我去学校跟老师沟通，我向老师请求给我三个月时间，并保证在下一次模拟考试中考到 A，老师同意了。于是，我把之前学英语时的干劲及学习方法搬出来，努力地学、刻苦地练。结果，功夫不负有心人，模拟考试中我得到了 A。就这样，我可以继续学习西班牙语了。

非洲、南美之行改变了我的学习目标

高二时，我决定在上大学之前，安排一个间隔年，去做义工。我想去一个我从来没去过的地方，于是选择了非洲。我在网上找了一个义工组织，那是一个在纳米比亚的环保组织。这个组织的主要工作目标是保护野生大象和当地环境。他们有几个领队科学家，都是研究非洲野象保护的。因为水资源严重缺乏，野象会因摄取当地农民水井里的水而被射杀。为了避免野象被无辜杀害，这个环保组织的科学家们召集全球各地的志愿者和当地农民，在跟踪野象的同时为当地农民的水井建水泥墙。这样野象就不能到水井边取水，也就不会被杀害了。

当时这种义工组织很少，网络也刚开始兴起，网上的很多信息不太安全。我也不知道是着了什么迷，在看到网站上那些野象的照片后，特别向往去那里。我没有跟爸妈说我去那边干什么，只是说我要跟一个旅游团去旅游，会有两个多星期不能联系。我说服了我最好的朋友与我一起去。就这样，刚满 18 岁的我们踏上了非洲之行。

然而，离出发还只有几天时，我们才发现买错了机票，选错了目的地。我的好朋友询问了应该怎么去我们要去的地方，他们说需要在南非再坐十几个小时的大巴，穿过沙漠才能到达。我和好朋友互相看了看，都觉得这下完了。但没想到的是，这段十几个小时的路程成了我这辈子最难忘的记忆。我第一次感受到了大自然的无边无际，穿越沙漠就像穿越时空。我们时不时会经过沙漠中的一些小村庄，那里都是用五颜六色的破铜烂铁盖的小房子。夜幕降临，外面一片漆黑。我和好朋友有点儿害怕，还有些超现实的感觉：我们是不是掉进了黑洞里？要是这样消失了，估计家人都不知到哪里去寻找我们吧。

很幸运的是，我们有惊无险地安全到达了目的地。我们的领队是个南非人，他向我们讲述了为什么要设立这个环保组织，以及非洲野象数量为什么在急剧减少。一方面是由于非洲的"运动狩猎"，另一方面是近年来水资源缺乏使得野象去人类聚居地摄水而被射杀。我们跟踪了野象一个星期，记录它们的生活习惯、行踪等。有一次，我被派去近距离拍摄野象在池塘旁洗浴的场景，我因为戴了白色的帽子，被野象发现了，差点儿送了命。幸好我们跟踪的这群野象中有一头是领队人 20 年前救过的小象，它吹了一种与其他野象沟通的口哨，野象群才把高高举起的鼻子放下来。我后来才得知当时我们面临的情况有多么危险，如果那是一群没有与领队人接触过的大象，那我们这一队人就性命难保了。这时我才第一次体会到大自然的神奇，也开始对其尊重。

也是这次经历，使我第一次了解到极度贫困是什么概念。我们做义工的基地是一个极度贫困村，那里大概分散住着十几家农户，没有水电、厕所及其他的基本设施。当地的孩子都是13、14岁就开始生育，家家户户基本以养羊为生。我和我朋友是他们第一次见到的中国人，他们好奇地问："你们为什么没有穿旗袍？"

我开始认真思考人类与大自然的关系、贫困的起因、解决贫困的方法、世界各国对中国的了解等问题。从纳米比亚回英国后，我又接着前往秘鲁，在库斯科的一个孤儿院里教书。这里的孤儿大部分都是土著人的后裔，特别贫困。我又开始学习南美洲的历史，包括土著人怎样依靠安第斯山脉生活，后来被殖民者侵略，再到独立。带着这些问题，我开始好奇各国的人、文化和发展及他们与环境之间的关系。我决定去伦敦政治经济学院（LSE）攻读环境政策与经济理论及环境经济学理学学士学位，之后又获得了环境经济与气候变化理学硕士学位。

努力深入学习环境经济、政策和应对气候变化

在LSE求学的几年里，我开始对不同领域、不同的发展方法有了较深的认识，又通过严格的社会科学培训掌握了众多可持续发展的政策与策略。我的母校LSE非常注重理论与实践相结合，在这方面做得很好。我在上大学的那三年基本上没回过国，假期都在实习，做到尽量多地接触社会，了解社会。

大一暑假，我成功申请了英国驻印度商会实习的机会，成为他们在新德里办事处的首个中国实习生。我有两项工作：一个是通过采访来自印度顶级公司的众多企业家，撰写一篇关于印度公司的社会责任的经验报告；另一个是联系英国贸易投资总署（UKTI）、中国驻印度大使馆和印度贸易促进组织（ITPO）的决策者，请他们就新兴的中印关系问题进行沟通并共同推动多边对话。通过这些工作，我的认知有了较大的提高，例如企业对环境的影响很大，平时在书本上学的理论不一定完全符合实际，等等。这次的实习经验也启发我在之后的学术研究论文中尽量做到理论与实际相结合。我所写的实习报告被送到了中国驻印度大使馆，作为印度办事处的一项研究成果。

在印度，我也真正看到了贫富差距。我住的地方在新德里贫民窟附近，我在上班路上会遇到很多乞丐。这里还经常会停水停电，门口也常常洪水泛滥。而我白天实习的地方是新德里中央商务区，那是印度精英聚集的地方，还有许多外籍人士。商务区一般不会停水停电，因为印度政府会保证这个区域的供水供电和安全。所以，我每天都在富有人群与贫困人群之间穿梭。我开始意识到为什么发展经济学里这么注重"收入差距"，也开始认识到这种差距可能会给国家带来长期不利的影响。

大学的第三个暑假，我成功申请到了英国法通保险公司分析员的实习工作。我主要负责对环境、社会和公司治理的分析。在这里工作，我遇到了一个很大的挑战，它也促使我产生了继续读博的想法。首先是很多投资人不相信气候变化和环境风险对公司的财务有影响，就算他们相信，对投资者来说，也没有评估这种长期风险的成熟方法。我和我的直接上级找了很多研究，试图说服公司投资者注重这种投资风险，可是效果不佳。就在我们很无奈的时候，2012 年，美国加州大旱。这场自然灾害使这家公司损失了 1 亿多英镑，这是公司投资历史上损失最大的一次。之后，伦敦众多投资者开始关注气候变化，希望有成熟的模型估算损失、预测投资风险。我也开始对量化自然灾害和气候变化对企业、贸易、全球经济带来的风险感兴趣。我的硕士论文研究了"中国洪水对英国富时全股指数的影响"，获得了全年级最高分。在写硕士论文的过程中，我发现应对气候变化的研究非常少，所以我决定继续读博，专攻这个方向。

博士学位论文我选择去做中国应对气候变化问题的课题，因为出国这么多年，我对祖国非常想念。中国也是受气候变化和气象灾害影响最严重的地区之一，但是当时在这方面的研究成果甚少。作为中国人，我认为我有义务去研究这方面的问题。看了很多文献以后，我发现，应对气候变化，最重要的一方面是基础设施。我鼓起勇气写了一个研究计划发给当时牛津大学环境变化所的所长吉姆·霍尔（Jim Hall）教授，阐述了研究中国基础设施的重要性。我在研究计划中指出，中国虽然 2012 年就是世界上最大的基础设施投资者之一，但是在应对气候变化方面的研究工作几乎为零。我本来以为他不会理我，这么大牌的教授怎么会回复一个研究生的邮件。没想到两天后他居然回邮件了，说可以和我见面谈一下，听听我的具体想法。

霍尔教授是当时英国皇家工程院最年轻的院士，也是全球适应委员会委员。面试的时候，他告诉我，虽然他很欣赏我的想法，但他不是很确定我能胜任他组里的研究任务，因为他们主要用系统工程方法做研究，而我的学术背景是经济。我在准备面试的时候就想到他可能会有这方面的顾虑，于是我找朋友帮我下载了他所有发表过的文章（当时我在读的学校不能下载很多工程方面的文献），根据他的研究成果提出了一套我们可以如何研究中国基础设施应对气候变化风险的方案。我的这些努力让他印象深刻。他鼓励我申请牛津大学，如果成绩达标，其他条件也符合，他就可以指导我。一年后，我成为他首个有经济学背景的学生。

我在刚开始读博时非常辛苦。要做好我的课题，需要跨多个学科，包括工程、水文、地理、计量经济等多个领域。基于我的学术背景，我没有接触过工程等方面的知识和模型。我硬着头皮开始钻研土木工程的书本和文献，琢磨数据处理方法。经过四年的努力，我学会了多种编程语言，也建立了一套新颖的系统风险评估方法和数据，将基础设施（能源、运输、废物、水和数字通信）表现为相互依赖的网络。通过这种方法，我首次创建了中国重要基础设施的洪水和干旱暴露图，突出显示了城市地区的位置，可以帮助了解其基础设施和人口如何受到气候变化的影响。到目前为止，我在读博期间的部分研究已在《自然灾害》、《可持续发展》（Sustainability）刊物上发表，也被《世界经济论坛 2017 年全球风险报告》、世界银行就基础设施保护机会发表的旗舰报告、全球适应委员会应对气候变化报告等引用。同时，它们还在 2017 年大连举行的夏季达沃斯世界经济论坛上，被选为政策讨论主题之一。

两次创业教会我勇敢拥抱人生中的"未知数"

读博期间，我与几个同学都认为学术界与业界之间存在着互不联系、互不沟通的问题，因此觉得应该共同努力，建立一个可以促进各国学界和业界之间交流的平台。于是，我们决定在牛津大学举办一系列这样的活动。我们说服了各自的导师为试点活动提供帮助和资金支持。在第一场活动成功之后，我们于 2014 年成立了"牛津国际基础设施联盟"（OXIIC），我成为此联盟的联合创始人之一兼董事。

联盟刚成立时，虽然有导师的支持，但是经费非常少，才几千英镑，连租会议室场地的费用都不够。我和另一个创始人做了预算，发现如果想做到我们期望的会议级别，将需要好几万英镑。我们硬着头皮开始自学如何做网站，如何设计宣传材料、名片等。会议议题都是我们在大量阅读及与各个领域的专家沟通后自己写的。有了会议内容、嘉宾后，我们又开始了艰辛的筹款之路。我和同事琢磨了很久，然后制订了一套"企业赞助行动计划"，将赞助分成三个等级，联系了英国各大基础设施工程、咨询公司。之后数家公司与我们取得了联系，在不同程度上支持了我们的会议。我们也达到了筹款目标，于2015 年、2016 年举办了两届较大型的国际会议。参加会议的嘉宾包括新成立的亚洲基础设施投资银行（AIIB）、世界银行、经济合作与发展组织、二十国集团投资和基础设施工作组、土耳其财政部、美洲开发银行、亚洲开发银行及全球基础设施领域的知名学者和专家。目前联盟里有 400 多名专家。

两届会议成功以后，我和其他几位创始人开始琢磨如何把这个联盟做大，也考虑过创立一家公益机构或者直接开一家公司。经过一段时间的调研，我们发现，在英国，不管是注册公益机构还是公司都不是那么容易的，需要走很多程序。同时，几个创始人都临近毕业，大家都开始思考各自的下一步。几经商量，我们达成了共识，暂时将这个想法缓一缓。这是我第一次尝试创业，以无结果告终。

博士研究生最后一年，我有幸成功申请到了欧盟委员会研究奖学金，赴哈佛大学工程院学习一年，并成为其访问学者。之后，我又成为哈佛法学院博士后。在那里，我认识了我现在的几位合作伙伴，奠定了第二次创业的基础。这些合作伙伴都是特别神奇的人物，其中一个美国人，在24岁时背包去了中东，创立了一家公司，专门负责帮国际机构在当地做了十多年研究。一天，我们在一起聊天，我跟他们提到了我之前做的联盟和基础设施方面的研究，他们突然建议："要不我们一起去中东或者中亚开家公司吧？"我的反应首先是"什么?!"，然后是"我的天啊！"，最后是"好，我可以从志愿者开始做！"就这样，我又开始了第二次创业的尝试。

经过一段时间的努力，我们很顺利地拿到了天使投资。没想到之前在牛津的创业经验对这次尝试非常有益，我在研究之外的业余时间帮他们设计的几个产品都基于之前的一些想法，很多潜在客户也都是在那段时间积累的。看着这次"创业探险"进行得如此顺利，我答应他们在博士后学业结束后去乌兹别克斯坦加入他们。

原来，一切从失败中学到的东西都可以应用到将来的工作、生活中！

就在我觉得一切都进行得很顺利的时候，新冠肺炎疫情出现了。由于投资人的经济状况有了变化，投资被收回了。两位创始人不得不改变策略，推迟去中亚的计划。我在哈佛的工作也因为疫情受到了影响。我的男友也因为疫情的关系没有办法办理签证，我们 8 个多月没见面了，下次什么时候能见也是未知数。我突然感到很迷茫、无助。我的人生里原本一切计划得好好的事情就在我眼前一件一件消失。我恐惧、恐慌，到后来身体开始不适，呼吸、睡眠都困难。这种情况持续了半年多。

　　幸运的是，我遇到了一个贵人——"家园归航"里的一个德国姐姐。她鼓励我寻求帮助，找到了项目里的心理医生。我跟医生聊过才知道我得了焦虑症。医生告诉我，疫情期间，很多人都遇到了这个问题，而可惜的是，他们并不一定有勇气寻求帮助或者有资源获得帮助。我按照她的推荐，开始每天锻炼，写日记，找朋友、家人聊天，现在已经恢复了很多。回想这几年的创业经历，我认识到人生中有许多"未知数"，并且得慢慢接受和学习如何与"未知"共存。

向往南极！

　　我非常感谢我的父母、家人、寄宿家庭、老师、同学、"家园归航"的姐妹们，以及所有帮助我成长的人。在这么多年的求学过程中，我从来不是学习最好、反应最快的那个，但幸运的是，我身边一直有一群鼓励、帮助我的人。我自己也没有放弃过。正因为如此，我一次又一次完成了人们认为不太可能完成的事，也充分证明了只要有梦想、有信心，肯努力、肯坚持，就一定会有收获。这也正是"家园归航"项目的主题内容。我很荣幸能成为这个"家庭"中的一员，也想尽我所能，鼓励、支持更多女性去追寻自己的梦想，担任领导角色，发挥女性的特殊作用。

岁月匆匆，一晃到了而立之年。前方的路将更坎坷、更艰难，但这就是人生之路。我将继续努力地往前走，身后也将留下一个个成长的脚印……这一路上有辛酸，更有甜蜜；有挫败，更有坚强。

（关于胡熙："家园归航"第五届成员，哈佛大学法学院博士后，穿梭于经济、环境、工程等领域的研究员，好奇一切新鲜事物，着迷于科学真谛，一个励志做到从哪里跌倒就从哪里站起来的奋斗者。）

寻寻觅觅的精神家园

张雪华

这是一个"学霸"任性飞扬、"学渣"必须逆袭才勉强可以谈人生的时代，而我这样跌跌撞撞沿着"准学霸—学渣—学霸"的路线曲折轮回的人，其实还不足以谈人生。在这里，我尝试写下的是我半生的部分点滴，一路走来的些许感悟。如果中学时的我凭借上课看小说也能考上重点大学的运气可以被看作一位准"学霸"，那么大学时因补考太多差点儿沦落到无法获得学位的我则成了如假包换的一个"学渣"，或许在多年后拿到美国名校博士研究生专业的全额奖学金时，我才开始跻身一般意义上的"学霸"之列。其间伴随着发现自己的兴趣爱好，培养独立思考的能力，追寻内心向往之事，从一个环保事业的被动参与者变成主动的学术研究者，再转身成为今天践行环保理念的学者。

20世纪80年代末上大学时，我从未想过有一天我会去美国留学、获得斯坦福大学的博士学位，正如刚刚跨入21世纪时，我没有想到有一天我会去南极，在那里寻得一个小小的精神家园，真正开启对"人与自然"的思考，并付诸行动。这是一个我穷尽一生也难以悟透和完全践行的宏大话题，而我半生的学习、工作、生活和旅行，忽远忽近、兜兜转转，都在围绕这个话题彰显人生本色。

一

我跨入环保领域有很强的偶然性，其中颇有机会主义的意味。20世纪 80 年代末，环境保护还是一个新兴行业。其中的环境监测是刚刚出现的专业，全国范围内只有三所大学设置此专业。当时人们普遍认为这个新兴专业的就业前景好，就业地一般都在大中城市。加上母亲不想让我出省读书，擅自替我做主填报了高考志愿，最终我被当时的成都科技大学（后来与四川大学合并）环境监测专业录取了。

化学是我在中学阶段最不喜欢的学科，而环境监测主要围绕化学设计课程，以致我在整个大学期间都读得兴致缺缺，充分反证了"兴趣是求知的原动力"这一广为人知的真理。各种化学、化工课程读下来，环境保护在我眼里成了一个技术问题，需要通过技术手段对其加以解决。大三开始，我成天盼着毕业参加工作，能够照方抓药，解决将来要面临的环境问题。至于技术本身存在的问题和如何在实践中落地，我几乎没有认真思考过。

由于缺乏学习的兴趣和动力，我这四年大学不仅读得一塌糊涂，后期还出现严重的厌学倾向。那时候转学几近不可能，换专业也是难以想象的。而我不是一个能够为考高分而努力奋斗的人，时间一久，就开始出现需要补考的情况，最后我差点儿无法毕业。读到后来，我不仅没有兴趣，而且怎么努力也考不好；不仅是化学，连自己中学时非常喜欢的数学类课程也学不好。我满心满脑都是对专业、对学校深深的厌倦，一度暗暗发誓：我今生都不会再踏进大学校门。那时候的我完全无法想象，几年之后自己会再次萌生学习兴趣和动力，主动申请读研。

毕业之后，我被分配到（对，你没有看错，在20世纪90年代初，大学毕业生主要还是由国家分配工作）市级环境监测站，从事水质和水污染方面的采样和分析。每天的工作按部就班，我仍然兴致不高。几年后，机缘巧合之下，我认识了美国知名的行为艺术和环境艺术家贝西·达蒙（Betsy Damon），那时我才真正对环保产生兴趣，开始自主思考环境保护意味着什么、应该如何做。

1995年春，贝西申请到一家美国基金会的资助，拿着这笔用于支持她个人艺术活动的经费来到成都，邀请来自全中国各地的艺术家，筹划一场"水的保护者"环境艺术活动。这是中国第一次公开举办的大型环境装置和行为艺术活动，我全程参与，包括撰写申请书并获得政府许可，负责协调夏天开始的各方活动。在此过程中，我首次接触一种全新的艺术和环保理念——让艺术回归社会。艺术家与当地居民、社区、科学家、工程师、政府官员、企业家、学生合作，发现当地最为紧迫的环境问题，通过请公众参与，以艺术的形式将环境问题表达出来，唤起公民和社会的环保意识，促使地方政府采取措施和制定相关政策。

经过"水的保护者"环境艺术活动，贝西开始了解成都和成都的水文化，也认识了成都市政府领导，有机会交流和传播她的"活水公园"理念，并得到了政府的认可和大力支持。我也顺理成章地开始担任贝西的助理，负责协调整个项目的设计和实施。"活水公园"是世界上第一座采用自然方式净化生活污水的城市综合性环境教育公园，它不仅包含创新的科学和艺术元素，也具备丰富的教育功能，是美国、韩国和中国三方合作设计的智慧结晶。在两年的设计和修建中，我开始意识到环境问题的解决不能完全靠工程技术手段，急需培养公众环保意识、尊重自然规律、依赖公共政策作为支撑。

本质上，"水的保护者"活动和"活水公园"的设计修建是在践行一种跨学科的理念，需要不同领域的人打破专业和理念壁垒，尝试互相理解和合作。我第一次亲身经历并认识到，将艺术和科学带入社区和民众之中，需要各种学科知识和经验的融合。这些对我的思考产生了潜在且深远的影响。我现在回想起来，仍然觉得受益匪浅。

二

我对"人与自然"关系的深度思考，始于在明尼苏达大学选修的《环境伦理和环境政策》一课。1997 年年底，我再一次拿到美国签证，第一次体验美国传统的圣诞节，认识男朋友的家人、朋友。节后我闲来无事，得知之前在"活水公园"工作中认识的比尔·坎宁安（Bill Cunningham）教授开了这么一门研究生课程，他很欢迎我去旁听。当时我没有注册上学，按理不能旁听这门课，顿觉机会难得，内容也是自己感兴趣的，脑子一热就答应了。坎宁安教授没有说明这是一堂以讨论为主的研讨课，没有老师授课，我得跟二十几个明大学生一起读专著、研究论文、进行课堂讨论、查资料，最后需要完成一篇学期小论文。这与我过去在国内的本科学习方式迥然不同，对一个之前几乎从未读过英文文献的人来说，其挑战之大，可想而知。

我那时的英文理解能力不太好，而指定阅读的文章和书都是经典学术著作，我读得很吃力；上课完全采用讨论方式，我听力水平有限，多数时候跟不上节奏，很难参与讨论。好在我只上一门课，我花了很多时间查文献，慢慢阅读，对照词典一句一句、吭哧吭哧地坚持下来了。三个月的课程中，前半段我云里雾里，不明白为什么要花这么多时间去论述和理解树木、昆虫、脊椎动物、自然景观的内在价值；后半段我百思不得其解，如果无法标出一种生物的货币价值，如何能够在公共政策中体现不具备经济价值的其他物种和景观的内在价值，即便是将其写进法律法规和政策，又如何能够落实呢？这些迷惑的产生都跟我本科的工程背景有关，我的思维带有很强的工具主义色彩，抱持根深蒂固的"人类中心主义"世界观而不自知。

　　这次旁听课使我第一次接触美国大学，认识美国学生，体验美国的教学方式，完全打破了我过去形成的读书就是"教和受"的固有认知。我发现自己很喜欢启发、探讨互动的学习方式，这坚定了我重进校园的念头。其实，上旁听课之前我就已经开始筹划申请去美国读书，当时的主要动机是想跟男朋友一起去留学。由于没有太多内生的动力，我只选择了两所大学，其中一所是西华盛顿大学——我在"活水公园"工作中认识的另一位教授推荐的，他认为那里的赫胥黎环境学院很适合我。

　　在准备大学申请材料的过程中，我刚开始上坎宁安教授的课，由于他在环境研究和伦理学领域有很深的造诣和很高的声望，便想到请他写一封推荐信。令我意外的是，他委婉地拒绝了，理由是："雪华，我可以给你写推荐信，但不会有多大价值，因为我还不了解你的学业和学术研究潜力，无法写得深入、有特色。"在他看来，虽然他跟我情同父女，但他无法针对他不熟悉的情况做出中肯的评价，他也不愿意凭空编造和夸大，他觉得不写是最恰当的做法。

更令人意外的是，我后来被西华盛顿大学录取，成为赫胥黎环境学院首位来自中国大陆的研究生，并获得少见的全额奖学金，都得益于坎宁安教授的大力推荐。我第一天去学院报到时，按照不成文的规矩，在完成所有手续后，我作为新生要去院长办公室拜访学院院长。当时的院长是环境教育领域的一位知名教授，曾任美国国家环境保护局的第一任环境教育机构主任。我一踏入办公室，他劈头就问："你怎么认识比尔·坎宁安的？他可是不轻易给人写推荐信的啊。"原来，坎宁安教授和学院院长在同一家出版社出过书，还有一本同名也同为本专业畅销书的《环境科学》，两人神交多年但未曾见面，院长对坎宁安教授极为尊重。我从推荐信里得知，因为我学期小论文写得不错，坎宁安教授给了我一个 A-（实际上，此分大大增强了我留学美国的信心）。随后他以个人的名义专门给赫胥黎环境学院院长写了一封长长的推荐信，他在信里不仅评价了我的学习和思考能力，还详细描述了我在"水的保护者"活动和"活水公园"项目中所起的作用。学院这才破例授予我一份少见的两年全额奖学金。赫胥黎环境学院只有硕士专业，没有设博士点，大多数研究生只能获得一两个学期的奖学金。在 20 世纪 90 年代，没有奖学金的中国学生很少能够拿到签证，也很少能够负担高昂的学费和生活费，即便顺利拿到了签证，大多数也都需要在课余时间打工挣钱。因此，我对坎宁安教授、赫胥黎环境学院至今心怀感激。

很多年后，每每想起此事，我都会感叹各国不同的人情。美国也是一个讲人情的社会，学生在申请学校时，找自己熟悉的教授写推荐信是常规做法，而学界重量级"大咖"的大力推荐在留学申请中所占分量很大。不少美国教授坚持原则，爱惜羽毛，不会单纯因人情而答应推荐或敷衍写信，他们讲人情是建立在对申请人的学识、能力和潜力有一定认识和认可的基础上的。不过，当他们赏识一个学生时，他们也会不辞麻烦地主动帮助和支持。事实上，我在去西华盛顿大学报道前，先去了坎宁安教授家拿东西和告别。几天住下来，教授闭口未谈推荐信一事。如此施恩不图报，令人感佩。

三

　　西华盛顿大学坐落在华盛顿州一个美丽的小镇上，我从这里到华盛顿特区去工作，源于一个偶然事件。1999 年时，信息公开在环境政策研究领域越来越得到重视，我想利用夏天放假时间系统地研读一些相关的论文，就给一位名字看起来是中国人的世界银行专家写信，请他帮忙提供世行在这方面的研究报告。没想到的是，这位中国籍专家主动联系了我，想了解我的研究兴趣。更没想到的是，一个小时聊下来，他对我的环保局工作背景非常感兴趣，主动提出愿意支持我回国做一项有关中国环保执法的问卷调查。就这样，我获得了许多研究生竞相争取的世界银行实习生的机会，回国开展中国地市级环保执法现状的调查研究。调查前后历时 6 个月，我通过邮寄发放了 1 200 份问卷，回收了大约 85% 完成的问卷。这是非常高的反馈率，说明地方环保部门对这个话题非常关注。在此期间，我走访了一些地方环保局，颠覆了自己过去的一些认知，第一次看到环保行政执法的研究价值，对自己过去的工作有了全新的认识。

　　这项问卷调查也引起了一些环境法学者的关注，我因此在第二年获得了美国未来资源研究所（Resources for the Future）的实习机会，这个职位每年只招一个人，很难得。未来资源研究所成立于 1952 年，位于华盛顿特区，是世界上首家专门从事环境与资源经济学研究的智库。这是我第一次深入接触环境经济学领域，看到环境经济学在环境政策研究领域所占的主导地位。实习期间，我帮助研究所撰写项目申请书，其中一份申请成功了，我便顺理成章地获得了在美国的第一份全职工作，成为未来资源研究所的项目主管和政策分析师，负责协调和管理亚洲开发银行资助的"中国二氧化硫排污权交易"试点项目。这份工作让我在接下来的两年内八次往返中美两国，正式开启我的环境政策研究生涯。

由于未来资源研究所在环境经济学和环境政策领域声誉卓著，我在申请读博时比较顺利。我的 GRE 考分并不高，但我还是拿到了全奖。当时中国学生普遍将 GRE 考分看得极要紧，认定没有高分就很难进好学校。我还记得我在去斯坦福大学拜见教授时的担忧，博士点的学术主任为人极为开朗、友善、幽默，言谈之间，我忍不住出言相问："GRE 成绩在录取考量中占多大比例呢？"教授风趣地反问："你考了多少分？"受席间宽松气氛的影响，我也笑着反问："你想要多少分呢？"教授闻言哈哈大笑，说："你如此快速敏捷地反问我，我们能够畅谈各种环境问题，你说考分有那么重要吗？"我当时就喜欢上了这个专业。

我申请的两所大学都很好，当时我也纠结过应该接受哪个 offer。我在未来资源研究所的老板是环境经济学家，我们相处得很愉快，他出言劝告我说："如果你是我的女儿，我会建议你去斯坦福大学，那里的社区很友好、更开放，充满合作氛围，你在那里的学习研究会很愉快。"我采纳了他的建议，随后六年的求学和研究时光证明这一选择是明智的。

读博是我人生中的另一个转折点。2000 年年初，在长期的合作研究中，斯坦福大学七大学院关注能源、气候和环境方面的教授逐步形成一个共识：环境问题是一个跨学科的巨大挑战，相关问题的解决路径和理念也需要跨学科合作。他们因此联合发起成立了"环境与资源跨学科专业博士点"，我有幸于 2002 年成为第一届博士研究生。我们专业的第一任学术主任就是上文提及的教授——罗布·邓巴（Rob Dunbar），他是一名海洋冰川学家，在南极从事研究二十多年（现在已经三十多年），他让南极第一次走进了我的视野。在头两年的课程学习中，我重新开始接触环境伦理学，课内课外经常与同学、老师讨论。这时候，环境伦理学在环境政策中的重要性已不言而喻，我开始看到思考"人与自然"的关系对培养环保意识、改变人的行为、制定和实施环境政策的启迪和现实意义。

对一个女人来说，成为母亲是人生中的一个巨大改变。我的女儿到来的时机很好，恰好是我在国内做田野调查的后期。我请同领域的一个朋友帮助收集最后一个县的数据，自己便回到学校做准备。孩子出生 4 个月之后，我才开始分析数据和写论文。这本是一个孤独、辛苦、漫长的过程，却因为孩子的到来而变得有苦有乐，为我平添一份平常心。我没有意识到自己有多大变化，只是单纯地享受孩子带来的乐趣，每天尽可能快地完成既定写作计划，然后安心陪孩子。直到有一天，我去跟导师讨论有关论文的一个重大分歧，谈完回家就一直陪孩子玩。孩子的爸爸觉得很奇怪，忍不住说："你今天跟导师没有解决分歧，换作以前，你会纠结、唠叨好长时间，这回居然说完就完事了。"我一愣，随即恍然大悟，孩子的出生极大地丰富了我眼里的世界，我的心胸变得宽阔了一些，也看得长远了一些，遇事没有那么急迫了，变得更有耐心，连头顶的苍穹也似乎更为浩瀚无垠。

回顾过往，我只觉我小小的人生充满意外和惊喜。我最终能够拿到 5 年的全奖去斯坦福大学读博，与我在国内的工作经历也是不无关系的。毕业时，我的博士生导师莱恩·奥托兰诺（Len Ortolano）教授对我说："我指导过不少中国学生，很少有人在来美之前在国内工作过，拥有一定的行业和社会经验，也很少有中国学生在来我这里的时候就有浓厚的研究兴趣和明确的研究方向。我至今仍然记得你在提到研究兴趣时的模样，你的眼睛像突放光明的电灯泡，闪闪发亮，充满激情，也极富感染力，这是完成漫长的博士研究生生涯所需要的。我当时就知道，这是我想要的那种学生。"

"闪闪发亮"，这样的热情萌芽于 20 世纪 90 年代我参与 "水的保护者" 艺术活动和 "活水公园" 的设计和修建，在随后的学习、工作和生活中不断被激发、演变。不知不觉中，我找到了自己对环保事业的兴趣，它逐渐汇聚成激情，成为我之后深造的原动力。更重要的是，我找回了自信。

四

2012 年回国之后，我到本科母校做研究，却始终找不到读博时做研究那样的专注和激情，心里有些失落，也有些无奈。但就在这个时候，我开始跟"活水公园"项目衍生的民间环保组织合作，深入调研和评估乡村生态农业。我对其中已经执行十余年的生态农户家园模式产生了兴趣，这种模式集生态厕所、家庭沼气、生态种植、人工湿地、环境教育为一体，系统解决农业面源污染①的问题，倡导生态种植，实现"主动不污"，从而达到保护水源地的目的。这是我第一次带着学生深入乡村，走访相关的乡村官员、农户、环保组织、城市农产品消费者、设计和指导项目的学者与专家，我对城市化进程给乡村带来的深刻变化有了一手的认识。社会组织在给当地带去新的理念和模式时，也带去了组织自身的工作方式，这导致村民的意识和行为发生了转变，而这种转变反过来也会影响社会组织及其运作。这项研究促使我开始思考如何激发和保持这样的互动和影响力，在我看来，这是构建公民社会的一条路径。

2015 年，我受邀去印度班加罗尔访学。一个偶然的机会让我发现了当地盛行的社区厨余堆肥模式，这是我首次专门接触关于垃圾的议题。班加罗尔市是一个有着千万人口的大城市，有印度"硅谷"之美誉。在世界范围内，这是第一个（可能也是迄今为止唯一一个）在城市里全面推广社区堆肥的大城市。社区堆肥通过微生物的作用，将厨余垃圾分解成有机质，用于改良土壤和生态种植，从而以环保友好、成本较低、发动居民参与的方式形成了物质闭合循环，实现

---

① 农业面源污染是指在农业生产活动过程中，各种污染物以低浓度、大范围缓慢地在土壤圈内运动或从土壤圈向水圈扩散，致使土壤、含水层、湖泊、河流、大气等生态系统遭到污染的现象，具有形成过程随机性大、影响因子多、分布范围广、潜伏周期长、危害大等特点。——编者注

了废弃物的资源化利用。我对此非常感兴趣，想了解各种社区堆肥模式、相关政策如何出台和执行、该模式对居民的意识和行为有什么影响、社会组织在其中起了什么样的作用。成都一位喜欢厨余堆肥的企业家朋友得知我想寻找经费研究班加罗尔的堆肥模式，慷慨提出给予资助。于是，2016年年初，我跟印度知名智库"阿育王环境生态研究中心"合作，在班加罗尔开展了为期一年的深入调研和分析。在2017年3月召开的研究成果发布会上，卡纳塔克邦高等法院大法官和班加罗尔市市长联袂出席。

　　我们的研究发现，2012年夏，在当地环保组织的支持下，两位班加罗尔市民发起了环境公益诉讼，将班加罗尔市政府、民选官员和全体市民告上了卡纳塔克邦高等法院，认为被告都没有履行各自的责任，导致城市出现垃圾危机。一个月内，高等法院就做出判决，要求市政府设计和实施一个全新的分散式垃圾管理体系，在全市范围内强制实行垃圾源头分类，集中居住的居民小区开展厨余垃圾就地或就近资源化利用，各行政小区修建垃圾二次分拣和处理中心。班加罗尔能够出台这样的政策，得益于当地环保和公民组织的先试先行，他们于2008年开始在社区尝试垃圾源头分类和就地厨余堆肥，积累了成功的案例和经验。班加罗尔新政的最大特点是将传统的政府包揽整个垃圾收运和处理链条的模式转化成了居民与政府共同承担的模式，这节约了管理成本，促进了公众意识和行为的改变，大大提高了废弃物资源化利用的规模和效率。几年实施下来，班加罗尔已经初步形成一条涵盖堆肥基础设施生产、堆肥体系设计、添加剂和生物菌种的研发和生产、成熟肥销售等要素的完整产业链。

这些实践性研究开拓了我的思路，也激发了我对践行社区工作的兴趣，使我重燃当年从事"水的保护者"活动和"活水公园"项目时的热情。2017 年 3 月，我跟成都当地一家从事垃圾分类教育宣传的环保组织合作，指导其成员在成都选点尝试社区堆肥。一年下来，试点取得了一定的成功，我在其间也发现自己的启发式指导、开放式合作态度及科学严谨的要求面临不小的挑战。对我而言，跟国内社会组织合作开展实践是全新的体验，与独立研究很不同。生态农户调研、社区堆肥试点都是我初次接触社区、深入社会将研究与实践结合的尝试，其社会效果和影响力是显而易见的。

那么，我是否准备好了做一个研究型的环保实践带头人呢？

五

2018 年 2 月，我终于如愿以偿来到南极。我对"人与自然"的思考，我如何在生活与事业中寻得和维护安身立命之处，在此得到了深化。南极没有原住民（人类），但有原住生物，那里的环境和生物圈的存续原本与人类没有直接关系。生平第一次，我直观、深刻地领悟到何为一个物种的内在价值，它有自身存在的价值和权利。令人悲哀的是，万里之外的人类活动已经直接威胁到冰川的存续、南极物种的繁衍和延续，气候变化的影响在南极无处不在，人与自然的关联从未如此超越地理相关性而纯粹地存在。我认为人类生产和生活活动的自律是极为重要的，只有人类活动不危及生物圈内在的平衡规律，人类这个物种才能够在地球上持续繁衍，人类文明才能够延续和发展。

南极之行对我选择转向研究性的实践行动起了决定性的作用。归来之后，在国内一家公益基金会的资助下，我组建了一支研究团队，于 2018 年年底启动"中国厨余堆肥试点项目"，在全国范围内招募合作伙伴，尝试在城乡居民小区里开展垃圾源头分类和厨余堆肥，堆肥成品用于居民园艺和小区内园林养护。经过一年多的实施，与 10 家机构合作，在全国七省九市共形成了社区厨余堆肥试点 14 个，堆肥成品经过检测都达到了安全无害化的标准。实践证明，社区堆肥不仅是一条经济、有效、环境友好的厨余资源化利用技术路径，也是个体层面最简单、最直接的循环经济实践，它能够提高居民的环保意识，培养环保行为，同时还为居民参与社区治理提供了场所和实践机会。在社会关系越来越陌生化和个体化的当下，社区厨余堆肥可以让居民间产生关联，催生人际互动，促进居民积极主动参与社区公共事务。

简单的社区厨余堆肥，让人们了解了自然界微生物如何变废为宝，将现代工业化和城市化切割分离的人与自然重新连接，我多年的理论思考终于开始结出现实之果。我们已经进入一个被称为"人类世"的时代，人类活动给生态系统带来的影响远远超过了其他物种，即便是在远离人类、渺无人烟的南极洲，气候变化的影响也是清晰可见的。而我们每个人都可以为此尽自己的绵薄之力。

人类对自然的巨大影响，蕾切尔·卡逊在 20 世纪 60 年代出版的经典环保著作《寂静的春天》里早有预见。2019 年，我受人民文学出版社之邀，与挚友一起重译这本经典。在反反复复修改译稿的过程中，我联想到自己这些年的学习、学术研究和跨越中美的各种人生转折，不由得向远方举杯，致敬坚定、勇敢和睿智的卡逊。我多年来的各种思考得以印证、贯通，深得共鸣，心有戚戚焉。

未来，我将继续思考人与自然的关系，身体力行，在实践中呵护和丰盈我心中小小的精神家园。

［关于张雪华："家园归航"第二届成员及首届全球理事，斯坦福大学环境资源与政策博士，南京大学（溧水）生态环境研究院首席科学家。］

第二章

她们的故事

分享了我们的故事之后，在这一章，我们给大家讲讲她们的故事。她们是我们去南极的同行队友，是来自 20 多个国家的女性科学家，我们也按照她们的兴趣方向做了简单分类，方便大家阅读。在南极的日日夜夜，我们和她们交流、研讨，开启对人生和自我不同层次的思考。她们每一位都是别人眼里的"成功人士"，而别人眼里的这些"女强人""女汉子"，其实都有对职场和家庭的纠结，有当妈妈的辛苦，有接纳真实自我的犹豫。对，她们和你我一样。在船上的日子，我们放下所有的防备，打开内心，一起学习向内看。正是这样的机会，让我们能走近彼此，倾听她们的故事，反思自己的人生。

第一节　气候变化

我是解决方案的一部分　　　　　　　　　　　　　娜塔丽

（采访整理：王彬彬）

娜塔丽·昂特斯特尔（Natalie Unterstell）是我在"乌斯怀亚号"上的室友，只要有一丁点儿时间，她就会坐在一个角落埋头整理自己的笔记。有一天我实在很好奇她在忙什么，就直接问了她。她自信地说："每天学到的知识都能给我新的启发，我要马上把它们应用到我的工作中，及时调整我的事业规划。"她很大方地给我看了她的本子，上面画满了让人眼花缭乱的表格示意图。娜塔丽说："我在哈佛大学肯尼迪政府学院读书的时候有一节专门的领导力课程，'家园归航'项目教授给我的正是对之前学习的领导力知识的升级，我更深刻地理解了一句话——领导力不关乎身份和头衔，它意味着确定问题后坚持到底去解决问题，而我就是解决方案的一部分。"

娜塔丽是巴西人，35 岁，是巴西气候变化论坛执行秘书长，哈佛大学肯尼迪政府学院公共管理硕士，曾是巴西总统内阁成员，长期关注气候变化对巴西雨林的影响，大力推动巴西政府出台应对气候变化的政策。从巴西小镇到首都圣保罗再到哈佛，从 NGO（非政府组织）到地方政府再到总统内阁，她一路告别舒适地带，不断迎接挑战，在挑战中历练自己。她说，按照她的推进路线图，四年后她要竞选巴西环境部部长，为了这个目标，她正在全力以赴。应对气候变化是我和娜塔丽共同的事业，我很欣慰在船上认识了一位执着于共同目标的"战友"，我迫切地想了解她的故事……

从小镇到城市，与舒适地带不断告别

娜塔丽出生在一个人口为 6 000 的小镇，和自然有很多接触的机会，她在家里的四个女孩儿中排行第三。在一个父母姐妹相亲相爱的家庭里长大，娜塔丽的童年过得很开心。娜塔丽的妈妈不是传统意义上的贤妻良母，她虽然是四个孩子的妈妈，但同时也是一位有事业追求的职业女性。娜塔丽 12 岁的时候，她的妈妈在巴西银行得到升职的机会，她们全家也因此搬到了一个人口 300 万的大城市。离开了充满童年幸福记忆的自然小镇，她面对的所有情况都是新的，那里还有一些潜在的危险。刚搬到那里的时候，娜塔丽很不适应，也不知道长大后做什么，脸上的笑容不像以前那么多了。妈妈没有那么多时间陪伴孩子们，虽然事业有了更好的发展，但和很多职业妈妈一样，她内心纠结，总觉得亏欠了自己的孩子。深爱妈妈的爸爸当时继承了家族事业，有相对灵活的时间，所以那段时间爸爸会尽量抽时间多陪伴几个孩子。尽管如此，妈妈还是经常觉得对孩子们很愧疚，要同时照顾家庭和事业绝不是容易的事。几经考虑，妈妈在升职后主动提出辞职，希望能留在家里多陪陪自己心爱的孩子们。没想到妈妈的领导没有同意她的辞职申请，为了挽留她又给她升了职，这一次，妈妈成了巴西银行的执行总裁。

正是受妈妈的影响，娜塔丽从来不认为有什么是女性不能做到的。17 岁的时候，娜塔丽因为不喜欢搬去的那个城市，就去了首都的圣保罗大学读书。圣保罗大学是爸爸的母校，爸爸经常提起这所学校，这在小小的娜塔丽心里种下了一个也去那里读书的愿望。读书期间，她选修了公共事务的课程，还参加了一个政府项目，去亚马孙地区南部做研究。通过这个项目，既能了解政府的工作流程，又有机会了解亚马孙的情况，娜塔丽意识到她真的很喜欢这样的工作。回到圣保罗，娜塔丽开始在巴西的一个非政府组织社会与环境研究所（Social and Environmental Institute，简称 SEI）实习，同时在亚马孙地区继续研究。大学毕业后，社会与环境研究所直接邀请娜塔丽到亚马孙地区工作。这是一次很艰难的抉择，她的家庭觉得她应该从商或者去银行工作，在家人们眼里，这样才能发挥家族优势基因的作用。但娜塔丽还是去了亚马孙，开始在那里正式工作，遇到了很多很棒的同事。

通过这份工作，娜塔丽和地方政府、区域政府建立了联系。2007年，研究所接到一个气候变化的项目，娜塔丽开始接触气候变化对全球的影响，自学政府间气候变化专门委员会（IPCC）的资料。社会与环境研究所是联合国气候变化框架公约的观察员机构，长期跟踪气候谈判，这也给了娜塔丽独特的渠道来深入了解全球气候治理的机制。

娜塔丽正工作得开心的时候，研究所从挪威一家资助机构那里拿到一笔 10 万美元的资助，前提是需要派一位英文好的同事去挪威工作一年，研究所希望她去。这又是一次艰难的抉择，从热带到寒带，差异可想而知。但她还是去了。在挪威，她有机会全面了解谈判，同时也成为本土机构雨林基金的董事会成员，有机会了解更多专业知识。

因为不断的专业知识的积累，2008 年，娜塔丽回到研究所，转到了政策团队。2009 年，在密切的工作接触中，巴西地方政府注意到她有很多工作的接口，她既了解本土社区，也知道国际情况。于是，巴西最大的亚马孙州邀请她担任一家成立于 2007 年的气候变化机构的顾问。这家机构做气候变化适应和环境教育等方面的很多工作，与美国的加利福尼亚州和印度尼西亚等国家有很多合作，主要是在非国家层面提供碳市场培训。娜塔丽全力以赴地工作，一年后，巴西政府的更多部门注意到了她的贡献。2011 年，她受邀成为巴西环境部参加联合国气候谈判的政府代表团成员，从此开始跟进谈判，负责减缓雨林丧失速度的讨论，有时候负责气候金融议题的讨论。

2012 年 12 月，多哈气候大会的谈判在雨林问题上破裂了，主要责任方就是巴西，当时娜塔丽负责这个议题，但她的提议没有得到代表团团长的支持，巴西还是投了反对票。娜塔丽觉得自己没能阻止那场失败，沮丧地回了家。

她想到了放弃，又不甘心，干脆找出半年前开始准备的材料，重新建立了一个监测雨林的系统。2013年华沙气候大会前，她提交了新的提议。这一次她没有参考官方已有的系统或者联合国已经出台的规定，而是提出了更符合巴西国情的方法。这一次她的提议终于得到了巴西政府的重视和支持。

加入总统内阁：我就是解决方案的一部分

就在2013年华沙气候大会前夕，因为表现出色，娜塔丽受邀加入了巴西女总统迪尔玛·罗塞夫（Dilma Rousseff）的内阁。这一次，她不再单独负责一个议题，而是要掌握全面的经济与气候变化情况。

2014年年底，娜塔丽向巴西总统汇报了项目成果，介绍了气候变化对巴西的影响。戏剧性的一幕是，2015年3月，她从国外度蜜月回来得到的第一个消息就是自己被解雇了！原来总统不喜欢娜塔丽的项目，觉得她汇报的是若干年后的事，不能解决当下的问题，只是在浪费钱。于是罗塞夫下令解聘了所有相关的人。因为娜塔丽是项目的秘书长，她还给自己签署了解雇信！

回家后，娜塔丽痛苦极了。因为媒体一直在跟踪她的项目，听说项目被关闭后，媒体替她打抱不平，不停地给她打电话、约采访。不过，媒体希望娜塔丽讲的是个人的悲剧，而这不是娜塔丽想强调的。她说："我不是在为我自己感到悲伤，我难过的是巴西不能认真对待气候变化这件事。"

那段时间，娜塔丽闭门在家，几经思考，她决定追逐自己的另一

个梦想——申请哈佛大学肯尼迪政府学院。她成功了！她的丈夫辞了
工作，用所有积蓄买了一艘小游艇，带着她一路从巴西开到波士顿。
在哈佛的两年，他们就住在这艘游艇上！

就在那个时候，罗塞夫总统被革职了，由副总统担任代理总统。
代理总统给娜塔丽打电话，请她回去担任巴西环境部副部长。她想，
她之前的工作没有用政府一分钱，不欠他什么人情，他是代理总统，
所以她要看看新总统的态度再说。就这样，娜塔丽拒绝了代理总统的
邀请，留在哈佛提升自己。

很多人去哈佛学习只是为了光环，并不清楚自己真正要什么。
哈佛有一门领导力课程让娜塔丽受益匪浅，课程由罗纳德·海菲兹
（Ronald Heifetz）教授主讲，内容关于如何更聚焦于议题，怎样推动
变革。教授还让大家回去收拾自己的房间，正所谓"一屋不扫，何
以扫天下"。娜塔丽回忆说："按照我的理解，领导力不关乎身份和头
衔，它意味着确定问题后坚持到底去解决问题。我们需要在自己的
位置上推动问题的解决，而不是等待。"想了想，娜塔丽补充了一句：
"领导力是危险的，因为培养领导力不是为了去舒服的地方，而是为
了不断挑战自己。"

在哈佛求学期间，娜塔丽和同学们去日本见了福田首相。福田说
他从 2015 年开始推动一场革命，把女性推到政策制定者和私营部门
行业的指挥前线。这对娜塔丽触动很大——即使是男权主义比较严重
的日本都在做这样的改变。回到哈佛后，她继续学习怎样发挥女性的
领导力优势来系统地思考、解决问题。

2016 年学业结束，娜塔丽做好了回巴西的准备，但家里所有人

都劝她不要回国。那时候是巴西最艰难的时期。但娜塔丽觉得她学会了一些方法,看到了一些榜样,她想回家,因为她是解决方案的一部分。

2016年9月,娜塔丽回到了巴西。她面临的第一个挑战是连家庭成员都会因为政治问题吵起来,大家都不够开放,坚持自己的成见。那时候她有好几项工作在推进,比如她在开展一场运动,主持一个国家级论坛,还有很多其他工作。她告诉自己,要做减法,聚焦于一件事,但这件事是什么呢?

2016年11月,娜塔丽正在马拉喀什参加联合国气候大会。她突然接到朋友的电话,提醒她就待在那里,先别回巴西。她的朋友说:"你不能再回来了,那里有很多持枪者。"原来,她的办公室被毒贩们占领了,他们组织起来,逼娜塔丽的同事们交保护金。毒贩们用枪指着大家的头,威胁他们交钱。给娜塔丽打电话的朋友被警察保护了起来,他在电话里沉痛地反思:"看,我们有很大、很棒的项目,但是我们没有推动政策制定者改变他们的态度,所以在国家层面,我们的项目没有意义。""说实话,当时我真不想再碰政治了。但看到那么多人的生命被威胁,我明白了自己要做什么。"娜塔丽咬着牙下定了决心。

2017年年初,她开车带着她的两条狗回到了父母家暂时避难,准备她的运动。那时候,她没有别人眼里带光环的头衔,但她知道,如果想做什么事,头衔不重要,重要的是能聚集一群人一起做。

2017年11月,她回到了自己居住的城市,发起了一场州际气候倡议行动。她从5个人开始,帮他们了解气候变化对全球和巴西的影响，这 5 个人再分头影响另外 5 个人，这样运动规模很快就扩大到了 100 人。她还组织了气候行动工作坊，第一年有 7 500 人直接参与其中。她把工作成果分享给总统候选人，帮助政策制定者理解应对气候变化的重要性。2018 年 1 月，新总统上任，很不幸，这又是一位气候变化否定论者。娜塔丽继续在州政府层面开展工作，推动一场数字革命，将所有政策实现可视化，帮助所有人理解环境、气候方面的政策。她也在其他州做这些事，推动一场自下而上的气候行动。娜塔丽强调说："在这个过程中，我在有针对性地培养人才，让他们以后担任更高的职位。"娜塔丽冷静地说出自己决定聚焦的目标："四年后，我想竞选巴西的部长。我的目标是让巴西政策更加可持续，对人民有益，我坚信我们可以制定出对人、对地球都有益的环境政策。"为了这一步，娜塔丽已经开始准备了。

2019 年 12 月，我在马德里气候大会现场赶着去参加下一场会议，一个人忽然从巴西角冲出来大叫我的名字，我定睛一看——是娜塔丽！在给彼此一个长时间的拥抱后，我们各自奔赴下一站。我在路上收到了"家园归航"第四届成员发来的照片，她们已经从南极返航回到乌斯怀亚。我回想起一年前自己返航的心情，感觉有更多能量回流到了心里。两天后，我参加了一场特殊的媒体见面会，"家园归航"前三届成员有十几位代表不同的政府和组织来到马德里，我们策划着来一次集体发声。受邀到场的是西班牙当地媒体，所以大家都用西班牙语交流。我举起手，拿到话筒，用最慢的英语说："我来自中国，我不会西班牙语，我的队友们里有谁能帮我翻译一下吗？"在我身边有好几只手举了起来。我接着讲："气候变化不只关于减排，也关乎适应、社会公正、生物多样性、性别平等，这次的气候大会就是第一场蓝色主题的 COP，强调气候变化对海洋的影响，2020 年在中国将举行联合国生物多样性大会，它和气候治理有协同效应。我希望这次大会成功，这需要大家一起努力。中国欢迎大家，我在中国等你们。"队友们轮流帮我翻译，记者们开始点头、微笑。我讲完意识到忘了回应中国为什么不能做更多的问题，想着再抓个机会说说，又想了想，还是把机会留给了没有发言的队友。这时候，娜塔丽拿起话筒，特意用英语说："这些年我跟进气候治理进程，我看到的最大变化发生在中国。中国的新能源投资位居世界第一，我看到它在尽最大努力去改变。"我和她没有进行任何事先沟通，这是她真实的感受。我用眼底的爱拥抱她，她报以温暖的笑。

（关于娜塔丽："家园归航"第三届成员，巴西气候变化论坛执行秘书长，哈佛大学肯尼迪政府学院公共管理硕士，曾是巴西总统内阁成员，长期关注气候变化对巴西雨林的影响，大力推动巴西政府出台应对气候变化的政策。）

探索南极 20 年的神奇队长

莫妮卡

（采访整理：闫雅心　林吴颖）

　　莫妮卡·施拉特（Monika Schillat）是"乌斯怀亚号"的探险队队长。她睿智博学、风趣幽默，对自己所从事的工作充满热情，为人和善又很有决断力。她连续两年带着"家园归航"的团队一起在南极探索，虽然她并不是"家园归航"的成员，但我们所有人都认为她早已成为我们团队非常重要的一分子。

　　在南极圈内的每个清晨，我们都在莫妮卡的叫早广播中醒来："早安，探险者们，今天是 2019 年 1 月 3 日，星期四。今天天气晴朗，我们将登陆中国长城站……"我们所有人都渐渐习惯了莫妮卡的叫早，以至于在下船后很长一段时间里，每天早上起床都感觉缺了点儿什么。

从拉美历史教授到南极探险人生

　　莫妮卡从小向往南极，她的南极梦源自父亲的影响。她的父亲曾在德国科考船上担任技术人员，在南北两极探险多年，看过无数冰山。莫妮卡为父亲感到自豪，自然也向往能够从事同样的工作。在莫妮卡很小的时候，她就梦想成为一名南极探险队队长，但她的母亲却坚决反对。

　　"不行，因为你是一个女孩，没有女孩会去做船上的探险队队长的。"

"好吧，那我可以成为海盗吗？"

"那当然更不可以，你是个女孩！"

"好吧，那我可以嫁给弗朗西斯·德雷克（世界航海史上的传奇人物，德雷克海峡即以他的名字命名）先生吗？"

"当然不可以，他已经死了四百年了！"

这些对话让年幼的莫妮卡非常沮丧，她只好放弃了这些可能性。长大后，莫妮卡来到乌斯怀亚成为火地岛大学的一名拉美历史教授。她想，至少自己有一天会作为游客前往南极。

由于当时大学的工资很低，莫妮卡还在当地一家旅行社兼职做一份德语翻译的工作。有一次，她给一支德国团队当翻译，几天后她将德国团队送上一艘加拿大的南极探险船。正当她跟团队说再见时，他们发现船上没有其他人可以说德语，于是开始紧张地大喊大叫。当时的加拿大南极探险队队长只好问莫妮卡："你知道还有哪个翻译可以跟我们去南极吗？"莫妮卡一个激灵，立刻跳起来说："我！我！我！我！"这位探险队队长只好说："好吧，你有一个小时的时间打包行李，然后回到这里，我们出发。"她立刻赶回家中，匆匆跟丈夫道别，她说："很抱歉我没有太多时间来解释，但我现在要去南极了，需要你负责照顾我们两岁的女儿十天。另外，我可以借你的衣服穿吗？"就这样，在1993年南极的夏天，莫妮卡开启了她人生中的第一次南极探险之旅。

十年之后，凭借自己的学识、努力和丰富的经验，莫妮卡成为南极探险船上的探险队队长。在那时，全世界一共只有三名女性南极探险队队长，一位来自美国，一位来自英国，还有一位就是莫妮卡。

莫妮卡对成为探险队队长一事十分高兴。她提到，促使自己成为一名探险队队长的主要原因是，她对其他队长的工作方式感到不那么满意，希望自己可以带来一些改变。当时的队长几乎都是男性，每当莫妮卡指出他们对船员过于严苛、对乘客不够友好的时候，他们的回答永远是："有本事你亲自来做！"为什么不呢！莫妮卡从那时起就开始认真地考虑当探险队队长这件事。更何况，这也是她埋藏多年的梦想。这个梦想在多年后变成了现实！

神奇的大蒜

成为队长之后的日子并不好过。莫妮卡第一次做探险队队长是在一家荷兰公司的船上，当时的船长是俄罗斯人。这位俄罗斯船长非常不喜欢和女人一起工作。

当他们第一次见面时，莫妮卡礼貌地打招呼说："你好，我的名字是莫妮卡！"

"你好夏洛特，很高兴见到你。"船长说，"你在这船上工作？"

"是的，我是你这艘船的探险队队长。"

"啊哈，你是在开玩笑吗？如果我要听一个女人的安排，那我宁愿留在家里！"

这些类似的对话，莫妮卡常常经历。除了语言上的打压，船长和船员们还经常故意使绊子，在工作中刁难莫妮卡。比如，她告诉他们今天她会在三点和乘客们离开这个岛，他们就会故意弄错时间或者弄错接送地点，使她难堪。这类事情不胜枚举。

独自一人的时候，莫妮卡常常会偷着哭，但她的自尊不允许她在任何一个男人面前掉一滴眼泪。她咬着牙接受，并更加努力地做她的工作。她想，也许她可以堵住耳朵，闭上眼睛和心门，硬着头皮去面对。可是这太难了。有一天，她实在是无法忍受这个船长了，于是打包离开这艘船回家去了。

后来这支船队换了一个来自瑞士的男队长，一切似乎都很顺利。直到后来，这艘船每一次出行都会发生一次事故，有一个人去世。事情过于蹊跷，于是船长去找了一个牧师，请他上船去看看。牧师在看到这个瑞士队长的时候，说他身上被乌云围绕，让大家都别接近他。在这以后，船长三次请人带着鲜花来找莫妮卡，希望她回到船上做他们的探险队队长。

莫妮卡问这个带话的信使，为什么船长不亲自来跟她聊聊。信使说，船长在警察局，有太多事情要处理，脱不开身。最终船长跟她见了面，诚恳地邀请她回去。

当下一个航行季开始的时候，莫妮卡回到了这艘船上。当然，这一次每个人似乎都变得更友好了。他们相对愉快地启航了。

莫妮卡既努力又很有经验和学识，她对南极地理和气候的了解，让她在很多紧急情况下都能保持清醒的判断。在海上航行时，她总是跟船员们说，不要跟大海做斗争，否则会带来灾难。这话不是危言耸听，而是一种对自然尊重和敬畏的态度。事实上，就像这艘船上之前发生的事情一样，每年几乎都有人在探险旅程中死亡。对于这个以男性为主体的群体，男人们总是表现得像个 14 岁的青春期男孩，爱冒险、冒进、叛逆，且听不进劝。风险自然不会总是以温柔的面目出现。

有一次，探险船计划前往波莱岛，途中浮冰拦住了去路。船长和船员们都很着急，以为去不了了。莫妮卡却知道通往波莱岛的海峡每天有一段时间会有较厚的浮冰，但再过几个小时，到涨潮的时候，浮冰上就会出现一条冰裂缝，到时候船就可以通行。其他人平时既不学习也不虚心研究，完全不了解情况。于是他们开始抱怨，嘀咕道："啊，去年的坏运气又回来了。"

船长找来莫妮卡商量，因为判断和决定行程本是探险队队长该做的事。他说："女人，来驾驶舱一下。"一如既往地不客气。

莫妮卡突然想要跟他开个玩笑。

当船长问她意见时，她说："这种事情很危险，我说过，我们不要跟大海对抗，否则会带来不幸的。这次就是出于这样的原因。不过也别担心，这没什么难解决的。我们只需要施一点儿小魔法，很快就能出现一条可以通行的道了。不过，如果要施魔法，我就需要点儿东西。"

船长问："是什么？"

她说："我需要大蒜。"

船长和船员们很惊讶，但是当时确实别无他法。他们半信半疑，还是让厨师长送来了一瓣大蒜。

莫妮卡皱着眉摇摇头："我不要一瓣大蒜，我需要一颗完整、新鲜、味道饱满的大蒜。"

她拿到了大蒜，然后在船上来回"晃悠"。

过了两个小时，浮冰还没有消退。船长又派船员来打听，以她的经验，她知道大概还需要两个小时。于是她正儿八经又神秘莫测地说："要大蒜发挥神奇的作用，总是需要等待一段时间的。"

果然，两个小时后，浮冰散开一些，出现了一条冰裂缝，他们可以穿过海峡了。

从那以后，所有人都对莫妮卡产生了神秘的敬畏感，看她的眼神都不一样了。他们还是会经常遇到风浪，每次都会有探险队队员或者船员来找她（的大蒜）帮忙，她也都会严肃认真地回房间对着大蒜"念咒语"。

有一次，船务总管跑来找莫妮卡谈话，他说进了她的房间，觉得她的房间太乱了。她很生气，质问他为什么要进入她的私人空间，房间乱不乱跟他又没有关系。他战战兢兢地说："啊，是的，但是这么乱，万一你找不到那颗大蒜了可怎么办呀?!"莫妮卡被他问得无言以对，啼笑皆非。但她还是正色对他说，大蒜如此圣物怎么可能让他随便找到，并且非常生气地批评了他这种行为。但事实上，那颗大蒜早已腐烂了。后来，大蒜被莫妮卡暗中换了好几颗，但船上的人都以为她用的还是原来那颗神奇的大蒜。当然，此后探险船一路平安无事。

莫妮卡和她的大蒜带领着探险船度过了一次又一次危机，完成了很多次安全的航行。终于有一天，莫妮卡要离开当时她服务的那艘探险船了，她完成了她在这艘船上的最后一次航行。

要下船的时候，有一个船上对她比较友好的船员跑来找她，吞吞吐吐地问她，能不能把大蒜留给他们。因为他们很担心她和大蒜离开以后，这艘船会不安全。莫妮卡当场很严肃地批评了小船员，告诉他如果使用不当，大蒜不仅帮不了他们，还可能会造成更可怕的灾难，她实在不能冒险把大蒜留下来。最后，在船员们和船长的百般请求下，她"无奈"地做了些"仪式"，把大蒜挂在了船上某处，作为一种"庇佑"。所有人都松了一口气。

莫妮卡的这个玩笑开了很久，始终没有被人发现有什么不对的地方。当她跟我们讲这个故事的时候，在场所有人都笑得前仰后合。但转念一想，这种荒唐事又何尝不是一种无奈。在她当探险队队长的那些年，已经过了千禧年，但女性在探险界的地位仍然如此被人轻视，莫妮卡用大蒜讽刺了当时那个看不起女性的工作环境。而我们所处的这个社会，也依然有许多我们需要用努力和智慧去改变的现实。

不友好的环境和人没有吓退莫妮卡。最终，当这些人意识到莫妮卡并没有因为他们的刁难而转身离开，也看到她的所有行程决策都基于保护所有船员、乘客安全的原则之时，他们才慢慢放弃这种为难，慢慢接受她的存在。

在莫妮卡成为探险队队长之后，她开始有意识地培养更多女性成为探险队队长，或者成为南极探险船上的医生。因为她的确看到了女性特质在探险船上的突出价值——她们能更细心地考虑乘客的需求，更妥当地处理和船员的关系，她们能够使探险船上的氛围更加和谐，合作也更加顺畅。事实上，我们的"乌斯怀亚号"上就有探险队队长莫妮卡和另外三名女性探险队队员，船上的医生也是女性。我们在与她们相处的过程中，发现她们充满学识、勇敢坚韧、温和亲切，她们跟船上所有的工作人员一起，为我们带来了一生难忘的南极体验。

从气候变化的极地见证者到气候行动的实践者

第二次工业革命以来，人类排放的过量温室气体造成了全球的气候变化，其中直观的变化就是年平均气温上升带来的全球变暖及其引发的越来越频繁的极端天气事件。从 1993 年至今，莫妮卡已无数次往返南极，其间也明显地看到了气候变化对极地产生的影响。三个典型的证据分别是：不常规且过大的雪量、消退的冰川和更多极端的天气。她所见到的冰川在过去的 25 年里已经向后消退了至少 100 米，而极不正常的雪量和天气对这里的生物，尤其是企鹅来说，简直是灾难。有的时候，岛屿因为冰川融化而露出更多的岩石，企鹅们可以找到更多的产蛋地点，但不幸的是，可能在孵化小企鹅的过程中，或者来年再度繁殖时，这个地点突降暴雪，所有的小企鹅还没来得及被孵化或长大，就在雪下窒息而亡了。

由于莫妮卡多年往返南极的经历，她还成为《南极条约》制定、修缮的参与者。在过去 7 年里，她以非官方的形式被邀请参与《南极条约》的制定和修缮，以专家和游客团体代表的身份被邀请参加环境委员会相关的平行会议，她虽然不属于拥有投票权的国家代表团，但也实实在在地提供了有价值的咨询建议。她提供了大量源自长期积累的信息和数据，帮助解答委员会专家的问题。莫妮卡认为，到目前为止，《南极条约》还是非常有效的，它在很大程度上保护着南极大陆。几年前，通过条约和谈判，她还成功与智利协作，制止了企图在南极大陆开采露天煤矿的行为。

作为南极旅游行业从业者，莫妮卡和她的同人们努力去保护南极洲的原始状态，因为一旦南极失去其原有的自然特征，那么这个行业也将不复存在，很多普通人也不再能够见识到这个世界最南端的自然圣境的极致之美。当然，很多旅游行业从业者或许希望能从中赚取百万美元，但对莫妮卡个人而言，除了做一名南极旅游行业从业者，她发自内心地想为保护南极、应对全球气候变化做些事情。

三年前，莫妮卡打算离开"乌斯怀亚号"，卸任探险队队长一职。他们全家搬到了阿根廷门多萨南部地区开始种树，希望通过恢复林地，使其吸收更多二氧化碳以减缓气候变化的速度。另外，阿根廷没有足够多的树木来达到较高的区域含氧量或者有效的生物多样性，所以莫妮卡也希望通过种树来实现多种生态的优化。

这件事情完全是他们的个人行为，没有任何的政府或资金支持。莫妮卡和她的丈夫买下了一片17英亩①的荒地。那片地之前是一个水果农场，但是缺乏打理修缮，最终荒废了。他们留下了一些桃树根茎以固定土壤，然后种下新的树苗。目前他们已经种了4英亩，树苗长势不错，接下来他们计划再种8英亩。他们希望通过家庭的实践案例，为当地居民做表率。包括门多萨，包括他们社区附近，有很多人拥有大面积的土地，却不知道该用这些土地做什么好。他们希望其他的居民常来看看他们是怎么做的，效果是什么样的，希望更多人加入林地恢复。当然他们也希望，有一天政府也能加入，从而在更高的层次上和他们一起为门多萨地区和阿根廷整个国家参与减缓和应对气候变化做出贡献。

莫妮卡在"乌斯怀亚号"上又多干了两年，而正是在这两年，她遇到了"家园归航"。她诚恳地跟我们说，在船上旁听我们的各种讨论和培训课程，她也受到了很多启发。

---

① 　1英亩约为0.405公顷。——编者注

2019 年，带领我们出航以后，莫妮卡将正式卸任。在她下船的前一天，在"家园归航"中国队成员王春光的央求之下，莫妮卡破例让出了她热爱的叫早工作。那天早上 6 点半，所有人都在春光姐"美妙"的叫早声中笑醒（或者被吓醒）。过了这一天，莫妮卡也完成了她最后一次南极探险队队长的使命。但我们所有人都会记得她，以及她的"神奇大蒜"的故事。

（关于莫妮卡："乌斯怀亚号"探险队队长，带队往返南极 20 余年，从气候变化的极地见证者转型为气候行动的实践者。）

第二节　动物与海洋保护

城市女孩儿的丛林之路 库琳

（采访整理：林吴颖）

　　"乌斯怀亚号"上的海上研讨会十分精彩，每天都有十多位"家园归航"的伙伴做出她们的"闪电演讲"。所谓"闪电演讲"，顾名思义就是时间非常短的分享。只有三分钟，用三张PPT（演示文稿）来讲述你最想分享的人生故事、研究课题或者信奉的理念，让这一船人因此而认识你。要知道，30分钟的演讲可比3分钟容易多了。

　　那天的海上研讨会上，我正一边努力地通过每个人的三分钟来快速"认识"大家，一边苦恼自己的三分钟该讲些什么。库琳·贝格（Colleen Begg）分享的一张照片吸引了我的目光。照片中，一个四五岁大的小女孩站在一头大象旁边。那不是那种人与自然和谐共处的照片……那张照片上是一头死去的非洲象，它的象牙刚刚被盗猎者割掉，头部鲜血淋漓。这是一张充满冲突的照片，小女孩仿佛代表着天真纯洁的人性，那头被割了象牙的非洲象代表了人类的贪婪与残忍。那个小女孩是库琳的女儿；那头非洲象，是库琳所带领的团队一直在守护的象群中的一员。照片是库琳亲自拍的，那是她无法忽视、必须为之战斗的场景。说到此处，她哽咽了，泪水也模糊了我的视线。我想起了自己幼年时嬉戏其中的溪流山川如今满目疮痍的模样，想起了看到堆积成山的中国鲨的尸体时，我的那种愤怒与无助。我想，我要去跟她聊一聊。这一聊，便揭开了一段丛林中无与伦比的故事。

心之所向，一往无前

库琳出生在南非最大的城市——约翰内斯堡，她的父亲是一名银行家，母亲是一名护士。库琳就是在这样一个典型的中产阶级家庭长大的城市女孩。库琳的父亲不喜欢丛林，也不喜欢户外。但不知为何，这个城市女孩却从小就对丛林充满向往，从未停止。那时候，她不知道这种内心深处的向往从何而来，也不知道未来长什么样子，她只知道自己一直希望在丛林中生活，希望保护野生生物，希望这个世界变得更美好。这种愿望对一个南非中产阶级家庭的女孩来说是不同寻常的，甚至在当时社会是不太可能的事。只有她的母亲鼓励她说："你想做什么都可以，你完全可以勇敢地去做一些社会觉得女人不该做、只有男人能做的事。"

刚上大学的库琳选择了动物学和植物学作为她的专业，想要以此迈出第一步，但她一开始就备受打击。作为一个城市女孩，家里人从不带她去野外，跟她的许多同学相比，她既没有那些丰富的野外经历，也没能更早地了解那些野生生物。当时的她，甚至从未露营过。她只能一切从头学起，重新寻找从城市通往丛林的那条路。

她一路坚持，不断学习。读研期间，为了更好地理解人与自然的关系，她选择了社会生态学作为研究方向，在津巴布韦住了两年。然后，她又回到南非读了动物学专业的博士研究生。她要付出比周围同学更多的努力，去接近她的梦想。库琳在读博期间研究的是蜜獾等食肉动物。当时，蜜獾这一物种还从未被研究过。她是第一个研究蜜獾的女性科学家。蜜獾生活在非洲的干旱草原和稀树草原上，虽然体形不大，却被称为"全世界最无所畏惧的动物"，因为它敢于挑战任何比它体形大的食肉动物，哪怕是狮子。仿佛是有寓意一般，后来她做的事情也如蜜獾一般——以微薄之力去对抗巨大的威胁和挑战，无所畏惧。

求学期间，库琳遇到了那个命中注定与其共同改变命运的人——凯斯。他当时是一名纪录片导演，跟库琳有着共同的兴趣爱好和人生理想。从那时候起，他们一路同行，共同扶持，一个做研究，一个拍纪录片，二人成为一生挚友和亲密爱人。

等到库琳博士研究生毕业的时候，她的研究做完了，他们共同为美国国家地理电视频道拍摄的关于蜜獾的纪录片也完成了。他们没有选择继续为国家地理工作，而是拿着拍纪录片的钱开始了下一段旅程——创立属于他们自己的NGO。他们创立的机构叫TRT自然保护基金会，通过该基金会，他们继续进行对蜜獾和其他肉食动物的研究和保护。这家属于他们两个人的基金会做的第一件事情，就是一路出发，去寻找一个他们能够真正对其做出改变的地方。

2003 年 5 月，雨季。他们在别人的介绍下走访莫桑比克北部的一个地方，据说那是一个"无与伦比的野性之地"。他们跋涉了许久，才终于到达那个地方。那里就是尼亚萨（Niassa）。他们翻山越岭，被那里的野性之美震撼了。同时他们也发现，还没有任何人在此开展任何关于大型肉食动物的工作。他们走遍非洲各地，包括肯尼亚、乌干达、卢旺达、赞比亚、马拉维等地，发现尼亚萨就是那个最适合他们去做出改变的地方。于是他们启动了尼亚萨猛兽保护项目。库琳与尼亚萨延续至今的缘分，就从那一刻正式开始了。

尼亚萨国家保护区是莫桑比克最大的自然保护区，但在莫桑比克，几乎所有的保护区都不能从政府那里得到多少资金支持，绝大部分都在依靠慈善组织投入的资金运转。当时，尼亚萨保护区也在寻找这样的资金支持，库琳他们的出现恰逢其时。

最开始的 4 年里，他们主要开展调查和研究，了解尼亚萨有哪些大型食肉动物、它们面临的威胁是什么。不过他们渐渐意识到，研究只是在记录物种及其数量减少的趋势，光是做研究是没有办法保护这些动物的。库琳和凯斯渐渐从研究思路转向了保护实践。此时他们也已经获得了这个区域关于自然资源和人文现状的数据资料，具有非常好的保护基础。

他们开始从当地社区招募人手，根据当地一些野生动物面临的主要威胁开展针对性的保护行动。他们面对的第一个问题就是当地人被野生动物伤害和致死的冲突问题（人兽冲突）。他们希望想出办法来保护当地人，使这里约 25 000 名原住民能够跟野生动物更和谐地共同生活。

16 年来，尼亚萨猛兽保护项目一直在发展扩大，现在已经有 100
名保护人员。他们开展大量的社区工作，希望能够减少人兽冲突和人
类对野生动物的猎杀威胁。此外，他们还开展环境教育来提高当地
社区和社会对野生动物的保护意识，不断加深与社区的合作和伙伴关
系，通过支持原住民社区的可持续发展来增强保护的同盟力量。他们
在尼亚萨的工作方方面面都离不开当地的原住民社区，他们有 75%
以上的员工都是尼亚萨保护区的原住民。员工中有很多人并不具备开
展自然保护工作的知识与技能，甚至连书都没读过几年（大部分的当
地员工只上过三四年学，只有两人上到了十二年级），因此库琳和凯
斯花了大量的时间、精力去培养他们，寻找并给他们提供各种培训机
会，来提高他们的保护能力，陪伴他们成长。库琳和凯斯甚至还启动
了一个奖学金计划，支持社区 40 名学生继续读中学。

要在非洲这个偏远的保护区支持 100 人的团队是一件非常不容
易的事。面对越来越大的团队和项目，各种管理和筹资上的压力接踵
而来。为了支持他们在尼亚萨的自然保护事业和社区工作，库琳经常
要到世界各地去分享、演讲，开展筹款活动。但库琳自小就不是一个
有自信的人，总觉得自己不够好、不够优秀、不够有能力。对一个内
向而又不够自信的人来说，到人群中去游说，去影响更多人，很长一
段时间都让库琳备感压力。是她的信念和所有的团队成员在身后的支
持，才让她不断突破自己的桎梏，去迎接新的挑战。2003 年，他们的
年资金量只有 5 000 美元，只有他们夫妇俩在冲锋陷阵。16 年过去了，
他们的年资金量达到了 130 万美元，有了一支 100 人的保护团队。

一次谈话时，我问库琳，她取得这些成绩有什么秘诀。她说："不要等待时机到来，想到什么就去做！机会不是等来的，是争取来的。从来没有人邀请我们去尼亚萨开展自然保护和社区工作，是我们自己找到了尼亚萨，我们想到就去做了。我们也不等着'粮草先行'才'伺机而动'，事实上我们总是把事情做在前面，有了一定成果才能更有底气地去筹款。我很幸运能够找到属于我的丛林，能够遇到志同道合的伙伴和团队，能够一直做自己想做的事情。"

举步维艰的信念

开拓一份事业不容易，守住一个梦想更难。

行程过半以后，团队导师凯莉跟我们分享了关于情绪困境的话题。那天很多人都哭了。我看到库琳也眼含热泪，有些绷不住。在分享环节，她站了起来，勇敢地分享了她这几年遇到的困境和人生危机，这些事一度令她想要离开尼亚萨。

在过去的7年里，在尼亚萨开展自然保护工作变得愈加艰难。象牙贸易和大量的盗猎给莫桑比克的野生动物带来了巨大的威胁。由于象牙、犀牛角等非法贸易越发猖獗，加上非洲其他地方的象群数量下降，越来越多盗猎分子带着枪支全副武装地来到莫桑比克，而尼亚萨保护区就成了他们的屠猎场。盗猎分子在保护区内外大量屠杀非洲象、犀牛、狮子等，同样也威胁着库琳和她的同伴们。住在尼亚萨已经不再安全，她常常担心她的丈夫、儿女及同事们的生命安全。而他们曾经熟悉的村庄里，也出现了越来越多盗猎者的线人和带路者。他们的当地员工不仅要带着武器去跟盗猎者周旋，还常常要面临大义灭亲的抉择。让他们忍痛去逮捕自己的兄弟、叔伯乃至自己的父亲，库琳心中十分不忍，但也不得不这样去做。

有一天库琳发现，他们聘用的第一名当地人 A（此处隐去他的真实姓名）居然也介入了盗猎事件。A 跟他们已经有十多年的交情，对库琳的家庭来说，他是像父亲、叔伯一样的存在，而对她的孩子们来说，他是看着他们从小长大的爷爷。但她却不得不当众逮捕他，并且解雇了他。看到如同自己亲人一般的老人家在距离退休只剩下几个月的时候犯下如此大错，她无比痛心。在她做出这样一个艰难决定的时候，她浑身颤抖，全身心都是抗拒的。事后回忆起来，她觉得这是一种夹杂着亲情、背叛、不忍的复杂情绪。最终，她私下做了一个决定：作为一家保护机构的负责人，她不得不开除 A；作为他的亲人，她告诉他，她会以个人名义给他养老金，不会让他老无所依。她做了一个两全的决定，但她的内心并不能得到平静。而这一切也还没有结束。

过去一年多来他们遭遇的事情几乎令她放弃。他们的存在，成了许多利益群体的眼中钉、肉中刺。2017 年年底，在一些地方势力的操纵下，当地各村庄给莫桑比克政府联名递交了一封举报信，历数他们的各种"罪名"，想要迫使他们离开尼亚萨，离开莫桑比克。他们因此遭遇了前所未有的危机。如果政府认定了这些"罪名"，那他们就真的在尼亚萨待不下去了。在这种情况下，她不得不一个个村庄去跑，去问村民们事情的缘由。她不愿意相信村民们会放弃他们，甚至背叛和诬陷他们。经过多次沟通，她才得知，这些村民也是被人利用、无路可走的，只能任人摆布。村民们面临着非常艰难的抉择，而在强大的势力面前，他们中的许多人被欺骗、被利用或者忍痛背叛了库琳的团队。她理解这种抉择的困难，但她的心依然凉了一大截。

她一直坚信世界上的事非黑即白、非对即错，这件事情令她感到被信任的村庄和村民背叛了。再加上之前 A 的事情对她的打击，她觉得好像这些年做的一切都付诸东流。心灰意冷的库琳想，也许是时候离开了。

这是我第一次看到库琳脆弱的一面。她在说到 A 被她辞退的时候，已经哽咽了。而当她说到被村庄背叛的时候，所有人都能感受到她的痛心。她没有往下说，但我很想了解她最后是如何做决定的。凯莉的环节结束后，我又约她一起聊聊。

生命的感动与救赎

虽然有被背叛的痛心，但库琳最终还是决定留下来。是那些曾经、现在都在无时无刻陪伴、守护他们的勇敢的人——他们的团队，留住了她！她的百人团队自始至终没有放弃，一直忠诚于他们共同的保护事业。库琳不忍离开，让他们重新回到那个无路可走的世界中。他们一个个都是她培养起来的自然保护者，他们从员工逐渐变成了朋友、家人。只要他们还没有放弃，库琳就无法说出想要放弃的话语，也无法不去直视他们热切的眼神。

她回忆起当年刚到尼亚萨的时候，他们一家就住在村子边。她一开始对社区很不了解，对当地的原住民也非常陌生，她要完全重新开始学习、交流和融入。她一开始对社区并没有太大的信心，雇用了一些当地人，也只是考虑到这样可以帮助解决当地人的就业问题、缓解社区与保护的冲突和需要有更多人做事情。后来想想，她发现自己真是低估了村民们的能力和信念，她挑了两件事情与我分享。

"我们的狮子"

2006 年，库琳到达尼亚萨三年后，他们跟踪的一头母狮生下了三头小狮子，她也拍到了在尼亚萨的首张非洲狮新生母子的照片。此后，他们一直在观察和跟踪这一家子。后来，母狮子死了，只留下了三头小狮子相依为命。再后来，其中一头小狮子也被杀了，这一家只剩下了两头小狮子。当地同事给它们分别取了名字，叫弗拉维亚和法迪默。接下来的许多年里，他们看着这两头小狮子长大、嬉戏、狩猎、成家、生儿育女，见证了它们生命中经历的一切。

2014 年的一天，库琳听说弗拉维亚被兽夹伤到了，就立刻赶去营救。谁知在他们仍在寻找之际，盗猎者已经先找到了弗拉维亚，用箭刺穿了它的肺。当库琳找到弗拉维亚时，它已经死了。他们将它的尸体带回营地，只通知了一名新来的同事接应。但当他们到达营地时，所有队员都神情凝重地等在那里。他们的神情悲伤而愤怒，小心翼翼地接过弗拉维亚的尸体，把它移下车。他们口中不停地念叨着"我们的狮子"。那一刻，库琳才意识到，这些年，他们所有人都见证了弗拉维亚的一生，早已把它当作自己的家人。库琳见证了这些伟大的、真诚的自然保护者的转变，而他们，也已经成为库琳不可或缺的家人。不管他们曾经是谁，不知不觉间，人与人、人与动物、人与自然间早已建立了无法割裂的联结。这种联结产生在个体之间，随着时间的推移最终变成了一个群体的转变。这种联结是生命与生命之间的交流和感动，是信任与接纳，是爱与关怀。这种联结也成为镌刻在库琳心中的一份信念。

"从猎象者到护象者"

　　有的时候你真的难以想象，一个普通的人为什么会转变，为什么会为了原本不是自己的事情而甘冒风险。但每一个人的转变都意义重大。库琳在过去这些年里一直在努力让更多人参与保护，而她也真真切切地看到和经历了很多这样的转变。

　　在那样艰难的环境中做保护，不仅要关注野生动物的状态，还要做大量的社区工作。这些年，库琳和她的团队一直在帮助社区做各种事情，甚至包括帮助社区修建一些基础设施。他们有一支建筑队，福鲁克是建筑队的一员。很多人可能很难想象，福鲁克曾经是一名大象盗猎者。库琳知道这一点，她特意给他培训各种建筑技能，就是希望能够改变他的谋生方式。最终他培训合格，加入了建筑队。2018年1月，福鲁克正在修建一个反盗猎的营地，他听到枪声，跑出去一看，发现了一头刚被切了象牙的大象。当时的场面十分血腥，象牙还在现场未被带走。这种情况是十分危险的，因为盗猎者可能就在附近，马上就会回来取象牙。福鲁克不知道从哪里来的勇气，居然把象牙带回了营地。他立即打电话给巡护队，请他们尽快赶到，盗猎分子可能很快就会找到他这儿来。他此时只不过是一名建筑工人，又不是巡护队队员，手上更没有任何防身的武器，而他可能要面对的是手持AK47步枪的盗猎分子。他完全没有任何义务把象牙拿回来，将自己置于危险之中，但他还是这样做了。就是这样一个曾经的大象盗猎者，用他的生命去保护着大象，他否定了他过去的价值取向，在那一刻重新选择了一种人生态度，这是一件多么需要勇气和魄力的事情！他的勇气感动了库琳，感动了许多人，他赢得了所有人的尊重，也获得了尼亚萨为鼓励当地人支持保护而设立的"穿山甲保护奖"（Pangolin Award）。颁奖的那一刻，所有人都起身为福鲁克鼓掌喝彩。这些年，库琳见证了很多这样的转变，而正是每一个这样的转变，每一个这样的人，一次又一次坚定了她保护的信念。

在尼亚萨的日日夜夜，库琳在壮美的森林和草原中生活着、守护着，她也见证了同行者们从冷眼旁观到将生命置之度外的改变，见证了他们每个人身上绽放的人性光辉。这些光一直照亮着尼亚萨的夜空，令库琳更有力量走在这条少有人走的路上。她告诉我，当她此刻回首时，她总会记得曾经从这些拥有美丽和勇敢心灵的人身上得到的温暖和慰藉。正是这样的力量，成为后来支撑她走出许多困境的动力。也正是这些人，成为她留下的理由。

后来的故事

后来，在大家的奔走相告和共同努力下，当地社区的人们终于顶住压力，给政府再次递交了一封信，澄清了情况，扭转了库琳他们面临的困境。这件事情总算告一段落。

因为遭到背叛，库琳寒了心。因为被信任，她又重新振作。梦想，引领她来到了尼亚萨；信念，帮助她找到了这群勇敢的人。生活不是那么完美的童话故事，人性也并不是非黑即白的。过去的价值观或许被挑战了，但库琳心中有了更加坚定的、珍贵的信念。她还知道，她不是一个人在战斗，她的丈夫、儿女、所有的团队成员和那些关心他们的村民都在陪伴着她。

库琳跟我感慨道："跟许多人相比，我们是多么幸运啊！我们远比尼亚萨的村民们有更多的选择和退路，能够追寻自己的梦想，去奋斗，去努力，去实现我们的愿望。而他们处在社会的最底层，没有自己的声音，没有自己的主导权，他们甚至连养活自己都成问题。我们又有什么资格去要求一个连生存都如此艰难的群体坚持自己的道德底线呢？我们永远感激，在那样大的压力下，村民们依然顶住了外部的威胁，为我们写了第二封信。我无法想象，这对他们来说需要多么大的勇气！"

库琳依然跟家人生活在尼亚萨，他们的生活在继续。库琳决定申请加入"家园归航"国际项目，因为她感受到了自己对深爱的人和事有多么深的无力和无奈，她太希望能够通过参与这个领导力项目获得更大的力量，去为她珍惜的自然和人争取一个更明媚的未来。也因为她来了，我们才有机会认识，我才有机会把她的故事写下来。

我跟库琳聊了好几次，一直是我好奇地问她问题。有一天她突然问我："你也在做自然保护工作，你知道为什么近几年中国对狮骨的需求越来越大吗？"我对她提出这个问题一点儿也不惊讶。我知道我们迟早会聊到这个话题。其实何止是狮骨呢？她没有直接问我象牙、犀牛角等更加敏感的话题，可能也是担心她的询问会被误以为是质问吧。

我告诉她，对非洲的象牙、犀牛角、狮骨等的非法盗猎，我同样感到非常遗憾。中国本土的野生生物早已遭此劫难，我自己的团队也在做打击非法贸易相关的事情，我深深地懂得那种痛心。我告诉她，在中国，也有许多人在为反对非法贸易和保护野生生物奔走、呼吁、

积极行动，虽然力量微薄，但这股力量正得到越来越多人的关注和
支持。

我们谈了很久这个话题，更加理解了彼此所处的环境和面临的困
难，也更加理解了彼此的坚持。这次谈话结束的时候，她说，感谢我
让她了解到一个不一样的中国，这个国家因为有我们这些人的存在而
变得柔软和温暖了许多。我也很感谢她让我这么近距离了解到一个更
加真实的尼亚萨，一个更加真实的非洲，一群更加真实的非洲社区原
住民，和她所代表的这些可爱、执着又令人心疼的自然保护行动者。

这三周的南极旅程和领导力课程将我们暂时从生活和战斗的地方
抽离开，让我们看到了更多拥有闪耀梦想的人，看到了世界上不同角
落的不同女性在如何呵护她们珍惜的人、事、物。我们渐渐接纳了自
己曾经的彷徨、无力和不自信，接纳了自己的渺小，接纳了自己的失
望。对于库琳，她也接纳了那个"背叛"过自己的尼亚萨。我们的梦
想很大，但我们也很渺小。我们领悟到，不要担心自己改变的事情有
多小，不要放弃用自己坚定的信念去影响这个世界，不要放弃用自己
的积极和乐观去影响身边的人。

走在自然保护这条少有人走的路上，我们就好像在跷跷板重量轻的
那一端。在这场力量悬殊的博弈中，我们只能不断地影响每一个生命，
每一个人。对很多人来说，这种力量是渺小的、微不足道的。但库琳在
尼亚萨看到了一个个人、一个个群体的转变，我在中国也看到了自己影
响的每一个志愿者、保护者的改变。每当我们多看到一个保护者时，我
们就多了一份力量。当保护这一端人足够多的时候，跷跷板就会向我们
这边倾斜，而当那个转折点到来时，另一端的人们将会追随我们。这条

路很艰难、很崎岖，唯有一步步付出努力，一个个人做出转变，我们才能等到那个转折点，才有可能赢得更可持续的未来。

这一天，站在地球的最南端，站在这个冰封的世界，我和库琳彼此拥抱，给予对方更多力量。希望我们的微小力量，可以为我们所关心的人和自然带来更多改变。

（关于库琳："家园归航"第三届成员，动物学博士，Mariri & Niassa 食肉动物保护项目主任，TRT 自然保护基金会的主任和创始人，资深自然保护学者，两个孩子的妈妈。）

上天入海追寻我

梅拉尼娅

（采访整理：卢之遥）

在"家园归航"第三届的 90 名女性中，有一个人的笑总是既大声又特别，她脸上的灿烂笑容总是能感染旁人。我一想起她，眼前就会浮现那双弯弯的笑眼，她就是来自哥斯达黎加的梅拉尼娅·圭拉（Melania Guerra）。

梅拉尼娅非常热情活泼，我在海上研讨会的三分钟演讲中调侃自己说，我之所以能够来到遥远的南极，都是因为我的名字的意思是走到远方。之后她特意跑来好奇地问我："遥，那你会给你的孩子取什么名字？想好了吗？"我说要不就叫"走得更远"吧，这样也许他能去到外太空！"完美！击掌！"我俩没心没肺地哈哈大笑。她选了四个词来形容自己：探险、好奇、热情、感恩。我告诉她，我想用她的故事去激励更多中国女性，她说："那请帮我转告她们，要敢于冒险，跳出舒适圈，勇敢发现和认识真实的自己、不同于已知的自己。一定要大胆去实现自我，感受别样的美好。"

地域和出身不能阻碍梦想的范围

梅拉尼娅出生在拉丁美洲的哥斯达黎加，虽然她来自一个不起眼的小国家，但是她将自己的梦想扩充到了全世界，甚至是太空和海底。她说世间万物都是有联系的，要勇于打破限制，她希望通过造福整个世界来造福自己的祖国，哪怕没有时刻身在家乡，她也总是相信自己的贡献能帮助到自己的国家和更多的人。

梅拉尼娅从小喜欢探险，喜欢外太空，喜欢海洋。要进入学校开始专业学习的时候，她很苦恼，是该去了解太空还是去探索海洋呢？考虑到无论是遨游太空还是下潜海底都需要高精尖技术和机械的辅助，需要航天飞机和潜水艇作为载体，需要穿上专门的太空服或潜水服，她最终选择了学习机械工程作为第一步。

带着上天入海的梦想，她到美国求学，经过多年的专业学习，她真的做到了离太空很近——进入美国国家航空航天局（NASA）工作。一年半的时间里，她与要飞往太空的宇航员一起工作，为他们提供技术支持，并近距离了解宇航员进入太空的整个训练过程。她负责提供技术支持的那位宇航员，在那一年真的飞上了太空，她以这样的方式点亮了自己对太空的梦想。也正是在这段经历期间，她认识了另一位女性宇航员，这位宇航员同时也是一名海洋学家。她告诉梅拉尼娅，深海研究和航天航空有很多共同之处，比如，都需要大量的团队协作和配合，都会在有限的空间里作业，都需要调控好情绪去面对各种困难，都需要在有限的条件下创造性地解决问题。

怀着对海洋探索的兴趣，梅拉尼娅开始了对自己另一个梦想的专业学习，进入了生物声学领域读硕、读博。她专攻的是水下声学，即通过特殊的海洋录音设备，测量各种声音或噪声污染的传播足迹，分析其对不同海洋物种，特别是那些靠声音来交流的海洋动物的影响。她先后在康奈尔大学和华盛顿大学进行了博士后的研究，参与了多项在北冰洋的海洋研究。

在南极的船上，每天会有一个开放的分享时段，大家想展示有意思的事情或分享想法都可以。有一天，梅拉尼娅给我们分享了她用专门的设备录下的在南极遇到的动物的声音，她兴奋地给我们解说着："听，这是虎鲸的叫声！这是座头鲸！这是海豹的！这是企鹅的！"如果没有她的分享，我们真的无法想象在南极的深海有这些神奇的声音，我也再次感受到了她对这些事情的激情。

我问梅拉尼娅："你对上天入海和做科学研究的激情都是从哪里来的呢？"她说："来自对探索自然和冒险的渴望啊，每当在自然界中看到美好的生物时我都会很激动，也来自对为了创造一个更美好的地球而做出贡献的强烈愿望。"科学研究正好能将这二者结合，科学能够解答问题，也能用来进行国际外交，还能改善我们的地球。梅拉尼娅就这样一点点地实现着自己广阔的梦想。

外界不能定义我

梅拉尼娅给我们的印象一直是一个快乐和自信的女孩，她总是乐呵呵的。那天，在船上提到挫败和自卑的时候，她站起来，和我们所有人分享了她自己的成长故事。

几年前，她经过多年的博士研究生学习，做完了研究课题，在答辩之前，她的导师没有给出很好的反馈。就在答辩的前两天，导师说，感觉她凭这些成果只能拿到一个硕士学位而不是博士学位。这样的评论让她也开始怀疑自己，似乎自己真的还没有资格拿到博士学位。虽然她还是进行了毕业答辩，答辩委员会也都签署了博士答辩通过的意见，但是她已经产生的自卑心理让她认为，委员们只是因为怜悯而让她通过的，而不是因为她真的有资格拿到这个学位。于是，她固执地没有用这些同意授予学位的签署意见去学校办理博士学位证，她放弃了这最后一步，直接离开了学校。

她到已经联系好的博士后新学校报到时，人力资源负责人需要她出示有效的博士学位证，由于确实没有学位，她只能暂时以访问研究人员的身份进行工作。经过两年半十分刻苦的工作，她的工作成果让博士后的老板非常满意，老板希望能和她续签新一期的工作。但在这个时候，她再次面临需要博士学位证的情况。梅拉尼娅开始意识到，自己不能一直回避这个棘手的问题，她决定回到原来的学校，直面这个深埋心底几年的疙瘩。于是她鼓起勇气，回去找到当时的每一个答辩委员，和他们每个人面对面交谈。她要寻求一个答案，她想知道他们当时签署答辩通过的文件是因为怜悯还是因为对她博士研究生期间研究的认可。

每一个委员都很肯定地回答说："我当然是因为你的研究成果值得这个学位而签署意见的，你怎么会有如此想法，认为我们会因为怜悯而给予一个人博士学位呢？"见完答辩委员们，梅拉尼娅勇敢地再次去见自己的导师，她告诉导师，他当年的冷酷评论让她产生了自我怀疑，使她长时间质疑自己的价值和能力。导师表示非常抱歉，也意识到自己当年在言语上对她确实太冷酷，没想到对她产生这样的消极影响，他坦言其实梅拉尼娅是完全够资格获得博士学位的。导师直到那时才知道，当年的她居然没有完成最后一步，没有取走属于自己的博士学位证就离开了学校！

解开了心结，她拿到学位证回到博士后研究站，但是已经错过了续签新合约的时间，老板流着泪表示万分遗憾。由于美国签证的原因，没有续签新的工作，梅拉尼娅只能离开长期学习和工作的美国，回到了自己的祖国哥斯达黎加。然而，经历过这些之后，她更加认可自己，更加自信了。她不会再像以前一样因为别人的评论而感到自卑，怀疑自己。是的，无论是学位还是工作中的职务，都不能真实和完整地描述你自己，什么都带不走你真正拥有的学识和能力，什么都影响不了那些属于你自己的闪光的内在。比起外界的定义，更重要的是你内心对自己的认同，清楚地认识自己是谁。

梅拉尼娅在真诚地讲述这段故事的时候，我看到她是如此淡定和从容，看到了她从这段经历中获得的成长和自信，她的故事也感染了在座的很多人。我也理解了她为什么要我告诉中国女性，一定要认识真实的自己，而不是别人眼中的你。

勇敢拥抱新机遇

我们这次的南极之行，有一个很大的惊喜，那就是我们在出发之前临时得知，克里斯蒂安娜·菲格里斯将会与我们同行。让大家激动万分的克里斯蒂安娜是一位了不起的女性。她是联合国气候变化框架公约秘书处前执行秘书长，在 2009 年全球气候治理陷入僵局时临危受命，通过执着的努力，推动了《巴黎协定》的达成。她是一位改变了世界的传奇女领袖。在整个行程中，她和所有人都很亲近，分享她的工作经验和人生故事，我们都被她的人格魅力感染，被她小小的身躯里蕴含的力量鼓舞，大家都很荣幸能与她相识相知。梅拉尼娅已经认识她好几年了，她们是像忘年交一样的老朋友，所以我非常好奇地去打听了梅拉尼娅与克里斯蒂安娜之间的有趣故事。

她们是老乡，都是哥斯达黎加人，克里斯蒂安娜在哥斯达黎加家喻户晓，梅拉尼娅一直都视她为偶像。第一次见到克里斯蒂安娜之前，梅拉尼娅知道她在哥斯达黎加要办一场 TED 演讲，那天正好是梅拉尼娅的生日，她非常想去，但是负担不起费用。为了不错过这个见到偶像的机会，她主动找到主办方，说她非常希望能去现场，主办方是否有可能给她提供一笔奖学金作为支持。令人惊喜的是，主办方居然答应了，她的勇敢出击为自己争取到了这个去听人生偶像现场演讲的机会。她不仅听到了演讲，在当天活动结束后，她还想办法找到了克里斯蒂安娜，当面告诉她："今天是我的生日，我唯一的生日愿望就是能和您待上 30 分钟。"更令人惊喜的是，克里斯蒂安娜竟然答应了！

我很感慨克里斯蒂安娜可以爽快答应一个素昧平生的女孩的要求，送她这个生日礼物，这也正是我们在那段相处的时光里亲身感受到的克里斯蒂安娜的爱和光芒。当然，勇敢主动的梅拉尼娅也紧紧抓住了这次机会，她有备而来，准备了各种问题和讨论的话题，克里斯蒂安娜非常温暖地和她聊天、讨论，为她解答。我都能想象到那个美好的画面，两个美好的人，她们从此相识相知，建立了联结。

2017 年，联合国气候变化大会（COP23）在德国波恩举行。梅拉尼娅非常想和自己的国家哥斯达黎加的代表团一起去参会，希望能作为代表团的观察员志愿者去贡献力量。但是从未参与过 COP 的她，对参与流程和方式都不是很了解。再三思考之后，她鼓起勇气给克里斯蒂安娜发了一封邮件。她在邮件中真挚地说，她观察到那时候的国际气候谈判仍然很少涉及海洋在气候变化中的作用，海洋是气候影响中很重要的一部分，但是被讨论的程度非常低。而这个领域正是她的热情所在，她希望能帮助在 COP 中创造更多关于海洋的探讨，这是她决心要坚持的事业方向。梅拉尼娅也很直接地寻求帮助，说希望能被推荐成为观察员志愿者，参与这次的 COP 并学习。再一次，她的勇气换来了珍贵的机会，克里斯蒂安娜直接将她推荐给了哥斯达黎加的环境部部长，推荐她加入国家代表团，而不仅仅是作为志愿者。于是，她那年第一次参加了联合国气候变化大会，并且作为哥斯达黎加国家代表团的谈判代表之一去谈判现场工作。这样的机遇让她感到欣喜和荣幸，同时也是对她的巨大鼓励和认可。

听着梅拉尼娅一次次去积极争取各种机遇的经历，我实在忍不住问她："梅拉尼娅，你是怎么做到每次都能勇敢去寻求帮助，并且最后都获得了支持的呢？"她说："除了幸运，一定要勇敢地告诉别人你是谁，你需要什么，这样别人才能知道如何帮助你。而回报帮助你的人的最好方式就是，和他们保持联系，让他们知道在他们提供的机会和帮助下，你完成了何事，到达了哪里，这些反馈都会让他们备感欣慰。他们为你打开这扇门，就是希望你能做到更好，希望能看到你的进步，看到你将获得的帮助擦出闪耀光泽，并将其最大化地延续。"我着实佩服梅拉尼娅，她总是能准备好最棒的自己，并鼓起勇气主动拥抱机会。

重逢马德里

南极之行后的一年，在西班牙马德里举办的联合国气候变化大会

（COP25）上，我再次见到了梅拉尼娅。

那天，我在从中国角走去巴西角的路上，看到一个熟悉的身影和笑脸，唯一不同的是她怀里抱着一个两个月大的宝宝。面对我诧异的表情，她说："遥，咱们南极之后有 11 个月没见面了，什么事都有可能发生，对吧？"我更惊讶了，据我所知，她明明完全没有这方面的动向。果然，那是来自美国的另一位"家园归航"成员的宝宝，大家乐成一团。这就是可爱的梅拉尼娅，她总让我们欢笑不断。

这是梅拉尼娅第二次以哥斯达黎加政府代表团成员的身份来参与气候大会，我在会场无数次看到她在各个会议上穿梭，找各种人讨论，同时还通过很多渠道分享着她的专业见解和思考，我能看出她对哥斯达黎加和全球气候变化问题的那份尽心尽责。跟进国际谈判是她主要关注的内容，这次会议的谈判进程很艰难，屡屡出现让人失望的情况。

那天，我看到她独自站在会场一角，面带焦灼地思考着什么，我走过去说："我想你需要一个拥抱。"不需要更多的语言，我们紧紧拥抱，都懂得彼此对气候治理和环境改善的那份强烈心愿。梅拉尼娅，这个一直在找寻真实的自己，不断成长和争取机遇的女性，正在努力地践行她对帮助过她的人的承诺，走向她期盼的美好世界。

（关于梅拉尼娅："家园归航"第三届成员，哥斯达黎加人，机械工程学本科，海洋学博士，曾在美国国家航空航天局工作，现在是联合国海洋法律事务部的一名研究员。）

当爱像海洋那么深

玛姬

（采访整理：王丽）

我与玛姬·普提南（Marji Puotinen）的第一次交谈是在那天参观完阿根廷卡尔里尼科考站之后，那天天上飘着轻盈的雪花，有只海豹在目之所及的地方爬上岸，我们一群人在海岸边等待橡皮艇接我们回到母船"乌斯怀亚号"上。玛姬找到我说，她对我的三分钟演讲印象很深。谈话就这样拉开了序幕。她分享了她曾经做的一个针对青少年的教育项目"珊瑚礁和企鹅有什么共同点"。金色短碎发的玛姬居住在澳大利亚珀斯，是澳大利亚海洋科学研究所的研究员，一位热情的科学传播者。她说话时面部表情非常丰富，正如她丰富的内心。

在海德鲁尔加岩登陆时，阳光灿烂。南极夏天的正午日光尤其强烈，一是因为空气清新洁净，无杂质、颗粒等折射日光；二是因为这片白色荒原能反射很多光线。虽然气温只在 2 摄氏度左右，但体感温度大概有 10 摄氏度以上。当我们穿着南极特备羽绒服到达时，只见先出发探路的玛姬穿着一件短袖 T 恤衫在远处迎接我们，满面"热"情。这一天，她拿出一面有车库大小的旗帜，十几个队友帮忙展开这面巨大的旗帜，它是由很多幅儿童画拼接起来的。在南极蓝、白二色的映衬下，这面写着"儿童关心气候变化"的旗帜显得尤其多彩。这面旗帜的背后有着怎样的故事呢？

带一面巨幅旗帜去南极，连接青少年与科学

玛姬一直热衷于将科学带到青少年团体中去。当她入选"家园归航"第三届团队之后，她在网上发起了一场"儿童关心气候变化"的绘画比赛（https://kidscareaboutclimate.org/）。通过"家园归航"参与者的协助，在两个月的时间内，她收到来自 11 个国家 120 所学校的学生的 1 246 幅绘画作品。真正参赛的孩子还不止 1 246 个，有些作品是由多人合作共同完成的。一开始，玛姬的想法仅仅只是举办一场绘画比赛，希望孩子们画出他们对企鹅和珊瑚礁的爱以及对气候变化的关心，她会从中选出优秀的作品予以奖励。后来，经过"家园归航"参与者的集思广益，她将这个想法扩大到"把所有参赛者的作品打印出来带到南极"，向同船的科学家、向世界展示孩子们对气候变化的关心！

这 1 246 幅作品拼在一起，是一面长 7 米、宽 5.18 米的超大旗帜，都快赶上一间车库的大小了。这面旗帜上所有的画都用马赛克处理过，拼接出来的是一只跳嘻哈舞的企鹅。玛姬将旗帜分五块打印出来，一开始还把打印机打坏了，后来重新调整大小，再次打印才算完工。五块布打印出来之后，如何将它们拼接起来呢？拼接时如何保证最后形成准确的跳舞企鹅的图形呢？这时候，她多才多艺的丈夫格伦站了出来。他会用工业缝纫机，曾经在军队里给飞机做布罩，做用于定位沉没船只的水下降落伞等大型的布艺。果然，他完美地完成了任务！玛姬的朋友莎朗还帮她在澳大利亚的家中打开大旗帜，做了航拍。旗帜制作过程中的每一步，她都更新在网站上，让全世界参与这件事情的小朋友都能看到实时进展，看到她如何攻克她在制作过程中

遇到的困难。

　　这种以身作则的方式，让每一位参与的孩子都看到了直面困难、持之以恒和合作共赢的价值。全球有多家媒体一直跟进这个项目，单个孩子的画作也可以到达南极，但不会产生这么大的影响。玛姬深知：做大事，必须要合作，要共赢。如果没有"家园归航"各国姐妹的帮忙，这个活动就不会传播到这么多国家，玛姬更收集不到这么多国家的孩子的画作；如果没有家人、朋友、陌生人的鼎力相助，这面旗帜就到不了南极。玛姬全力以赴去做这件事情，因为她明白这个看似微小的行动可能会对孩子的将来产生深远的影响。玛姬打算在不久的将来写一本有关孩子对抗气候变化的书，她会把孩子们的画作和旗帜的故事写进去。

　　在南极，这面旗帜被打开了两次。第一次是在海德鲁尔加岩。我们不能大声说话，因为海豹在睡觉。于是，玛姬没有提前和大家讲这面旗帜的由来和背后的含义，只是单刀直入地让大家帮忙拉开拍照和录像。事后她感觉像缺失了什么。她深刻认识到船上的每一个人都有自己精彩的故事，她不愿意去展示自己的那份荣耀，将更多的注意力引向她，她担心这样会显得她过于激进和傲慢。如果领导团队觉得有必要将她的故事告知大家，她们一定会主动给她时间的。另外，她又觉得这违背了自己的初衷，她没能将孩子们关心气候变化的心展示给同行的科学家，进而传播到世界各地。她没能履行自己的诺言，也没做出对应自己使命的事情，因此她感到非常难过。

　　当美国帕尔默站的科研人员上船交流时，有一个环节是美国站的科研人员提问。其中一位问道："你们在做哪些将科研传播给社会的活动？"当时，只允许一个人回答。玛姬坐在底下，迫不及待地举手，心里默念："选我！选我！"她终于抓住机会告知大家这背后的故事，她一定要告诉大家这个故事！于是，我们有机会听玛姬把这个充满使命感和爱的故事讲出来，这个故事直接触达我们的心底。在美国站科研人员离开前，我们第二次打开这面旗帜——大家有同一个使命，我们和下一代同时站在为气候变化而斗争的战线上！我们为了他们，他们支持我们！

玛姬后来反思，这两次打开旗帜的过程，让她打开了向内看自己的机会，她清楚地看见了自己的心理斗争。当她看见时，她就慢慢可以分辨什么样的想法和行为是关注小我，什么样的行为是与使命（这个使命通常是超出小我的）符合的。在这个辨识的基础上，她进行行为选择，忠于自己的使命。有人说，艰难地穿过德雷克海峡才能到达绝美的南极，就如同女人的分娩，只有经历了疼痛的过程，才能迎接新生的喜悦。其实，认知自我的过程又何尝不是呢？只有经过那些痛苦的挣扎，才能看见灵魂深处的自己。

十年跌跌撞撞拿下博士，高空跳伞给自己庆祝

玛姬的三分钟演讲让我们眼前一亮。她穿着一身奇形怪状的化装服就登场了——全身上下穿着白色的纸板做成的衣服，上面贴满了各种颜色的贴纸。这是怎么回事呢？

原来，她打算用这身装备给大家介绍她的研究对象——珊瑚礁。她用这种形象的方式给我们讲述珊瑚礁在海水污染和全球变暖的情况下是如何褪去它们丰富的色彩的。她告诉我们，珊瑚的生存岌岌可

危，全球气温再升高 2 摄氏度，全球几乎所有的珊瑚就会消亡。

后来，我们谈起她的研究和求学之路。如今在事业上顺风顺水的她，其实也蹚过深深的河流，跨越过她以为无法跨越的鸿沟。

玛姬于 1995 年 2 月开始攻读博士学位，十年后，2005 年春才拿到博士文凭。她选择了一个极具挑战性的领域——应用地理作为博士研究的方向，就是把地理学领域的理论和模型应用于环境问题。具体来讲，她研究热带海域的气旋如何影响珊瑚礁：预测热带海域气旋的形成，以及发生时的风速和海浪等如何摧毁珊瑚礁。珊瑚礁抗风浪能力的变化非常大，这取决于它们的形状、与海底连接的情况、大小等性状。这是一个跨领域的研究课题，她既不是模拟气旋风浪形成的专家，也不是珊瑚礁生态环境方面的专家，她对这两个方面的知识都知之甚少，但她可以将这两者结合。这就是这个课题的价值所在。她读博期间的导师也不是这个研究领域的专家，一切都由她从头摸索。最大的挑战来自其间遇人不淑。

她的项目中要用到大量的模型和模拟计算，需要使用非常大的电脑硬盘和内存空间。她发现一个同事将他另一个项目的文件存在了她的电脑配置空间里。后来，她找 IT 人员给她的存储空间加了密才解决了这个问题。还有一个评阅老师读了她的博士研究生论文，没有当面跟她提意见，而是写了一封信给她的导师："你不应该让这个博士研究生提交她的论文，因为她没有做必要的分析。"还有一位答辩委员会成员一开始就一直拖着不看她的论文，也不回复她。而在她提交论文一两周前，他说他对某章节还有修改意见，所以她不能提交论文。她当时正要搬到悉尼去，只能没有经过他的同意就提交了论文。

在读博期间，她受雇于大学当讲师。这个职位是给已经取得博士文凭的人的，而她当时没有博士文凭，她感觉自己是不合格的。任何人叫她做任何事，她都会去做，因为她觉得自己不够资格留在这里。于是，她拼命工作，积极准备课件，成为学校最受欢迎的授课老师。这就将她从她的博士研究生项目中抽离了，她找不到时间做自己的项目。人们关心的是"为什么你还没有得到博士文凭啊？"于是，她又觉得自己不够好，更加拼命地教课，形成了一个恶性循环。她像是患上了"冒名顶替症"，总觉得自己不够资格。

最后，她当时的男友（现在的丈夫）在悉尼空军部得到一份工作，他们要搬到另一个城市生活。这件事情正好给了她一个契机，让她下定决心完成博士研究生项目。如果不完成，那她在离开现在的职位后将很难再找到工作，因为她是一个没有拿到博士文凭的失败者。她给自己设定了教书、和学生交谈的时间，其他时间就把自己关在办公室里，不与任何人联系，其他人要找她都必须通过邮件。她利用一年的时间，在教书的同时重新做完了项目，并完成了论文。这对她来说是一次胜利，她完成了一件自己觉得不可能完成的事情。而这段经历让她学会如何对干扰说"不"，集中注意力完成自己的主要任务。

读博期间，人们常问她："你什么时候毕业啊？"她不断对人宣称："等我拿到博士文凭的时候，我要从飞机上跳下去。"当时这只是一句自娱自乐的玩笑，因为这两件事情在她看来都是不可能的。

最终她拿到了博士文凭，学校并没有特殊的纪念方式，只是给她发了一只马克杯。她的妈妈常跟她说："当有一件重要的事情发生时，你要花时间做些什么来给它做个记号。"对玛姬来说，博士研究生生涯如此艰难，她需要用同样艰难的事情来匹配它。

　　于是，举行毕业仪式的当天，她订了高空跳伞的票。她丈夫开始倒数她离"死亡"剩下的时间："还有 10 个小时"。他开始称她为"人肉炸弹博士"。跳下的瞬间她非常害怕，到着陆的两分钟内她经历了读博期间的种种情绪和状态：不舒服、害怕、兴奋、筋疲力尽等。这正像是她博士研究生十年的一个微小缩影。

　　玛姬坦言她此行的行李箱中除了日常必备的生活用品，就是巨幅旗帜和一套体积庞大的化装服。选择行李的过程，也代表了她的价值选择。什么是重要的，什么是不重要的，在不同人的眼里，都有不同的答案。玛姬选择了有创意地表达自己，选择了青少年自然教育，选择了唤起公众对保护珊瑚礁的认知。

一条玩偶蛇承载爱的传承

　　一次早餐时间，我与玛姬面对面吃着早餐，同为妈妈的我们自然而然聊到了孩子，聊到我们在生活中扮演的女儿和妈妈的角色。玛姬是三个孩子的妈妈，女儿 April（四月）11 岁，双胞胎儿子丹尼尔和康纳 6 岁。她最无法忘怀的一段经历，是她妈妈从患病到去世的过程。她的妈妈从患上癌症到去世只有四年多的时间：2005 年她患上了胰腺癌，2009 年 9 月去世。玛姬向我娓娓讲述她妈妈的故事，讲述她心中最深的爱和牵挂。

　　妈妈成长于一个有些许暴力倾向的家庭，她的哥哥常常受到体罚，她则会受到口头上的暴力恐吓。这导致她的性格唯唯诺诺，对周围的任何人都过分关心，也非常敏感。在她生病之前，她总是过度关心他人需要什么，这在她小时候非常管用。这也慢慢让她形成了固定行为模式。她最大的愿望是打破原生家庭对自己的影响，不对玛姬兄妹中的任何人使用任何形式的暴力。她也确实做到了。但是，和她生活在一起，玛姬感到压力非常大。妈妈总是过度关注做什么事、说什么话能够取悦周围的人，而这种行为让周围的亲人非常困惑。她没有完整的自我定位，对自己非常严格，认为自己不够好。当她患上癌症后，她原以为她不久就会去世。但是，在一场大手术后，她活了下来。当她重获生的希望时，她挣脱了取悦他人的牢笼，开始做真正的自己。她们也开始了真正的母女关系。

在妈妈诊断出癌症后，爸爸给玛姬写了封邮件。看了邮件后，她给妈妈打电话，问妈妈是否希望她去看她。妈妈说："是啊！""那么什么时候呢？""现在！"于是，她马上买了第二天的机票，跟老板请了假，飞到美国看望妈妈。

她负责照顾妈妈，包括用食管喂她食物。在喂她食物时，必须非常小心，以免气泡通过食管进入身体。她妈妈也只相信她能做好。于是，她在医院和家里陪了妈妈四个月。然后，妈妈对她说："现在是时候回去继续你自己的生活了！"妈妈讨厌住在医院，她在同一个房间住了一个月以上，非常焦虑。于是，玛姬的妹妹就向妈妈许诺，如果她恢复了，就带她去巴黎。那段时期对妈妈来说，在精神上是很大的挑战，而去巴黎成为她的一种精神寄托。

玛姬的老板在听说这件事后非常大度，找了一个去法国出差的机会将她派遣到巴黎。于是，她得以去巴黎和妹妹一起陪妈妈。当时，玛姬已经怀孕六个月。等到了巴黎见到她妈妈后，她才告诉她这个好消息。妈妈听到消息异常兴奋。在巴黎的日子，恐怕是妈妈一生中最开心的时光。妈妈是一位布艺创作者，而巴黎有形形色色漂亮的纤维布匹，妈妈给她亲手做了一张非常漂亮的床单，她称之为"珊瑚礁工程"，那上面有珊瑚、海星、水母等海洋生物。

在妈妈去世前，有护士定期到家里给她检查身体，这样她就不用住在她讨厌的医院里。她们姐妹决定在家为妈妈举办一场晚餐剧院演出。那天，她们做了一桌丰盛的晚餐，玛姬一直在唱《音乐之声》。当时妈妈病得非常重，通常她只能清醒地坐上 20 分钟。那一晚，她一直大笑，坐了一个小时。那真是一个美好的夜晚，它留存在她们每个人的记忆里！

一开始，玛姬会带着女儿四月去美国照顾妈妈。但当妈妈病重之后，她没有再带女儿去。一方面，她的妈妈有可能会不小心伤到女儿；另一方面，她无法分心同时照顾她们两人。妈妈只在四月小的时候见过她，四月出生时，她从美国赶到澳大利亚来见证了那难忘的一刻。

妈妈去世时，玛姬的女儿四月才两岁，还不记事。妈妈与四月之间的感情纽带却一直维系着。玛姬在照顾妈妈时，在地下室看到几个未完成的手工玩偶，有蛇，有乌龟。她把玩偶抱上楼，问妈妈："这个是你给四月做的吗？"妈妈点点头。玛姬默默将这些手工玩偶完成，并交给了妈妈："四月不能来看你了，既然这些是给她的，不如你先抱着它们。当你觉得可以把它们交给四月的时候，我再给她带回去。你可以把你对她的所有爱都放进这些玩偶，这些爱会传递给四月。"此后，妈妈几乎一直抱着这些玩偶。直到她去世的那一刻，她的手依然紧紧地抓着它们。

后来，完好留存下来的只有玩偶蛇了。有一天，玛姬的儿子丹尼尔玩玩偶蛇玩得太狠，玛姬就警告他要非常小心，并告诉了他这背后的故事。四月当时八九岁，正好听到了这一切，眼泪汹涌而出。那一刻，她第一次意识到曾经有一个人这么爱她，而现在这个人不在了，永远从地球上消失了。连续三天，四月都以泪洗面。从那之后，她害怕死亡，害怕与死亡有关的一切话题。那一年的圣诞节，四月问她，是不是圣诞老人会带来任何她们想要的礼物。玛姬说，是啊！四月说："那我不希望妈妈将来会死，我希望圣诞老人把姥姥带回来给我！"

有一次，玛姬以为孩子们弄丢了玩偶蛇，她感觉像是有什么东西掐住了她的脖子，她感到很恐惧。幸亏后来找到了。这是一个悲伤的故事，同时也是一个美好的故事。这条玩偶蛇成为连接祖孙的爱的载体。玛姬的妈妈对四月的爱通过玩偶蛇传承了下来。

当亲人被诊断出癌症后，我们通常都不知所措。在亲人可能不久之后去世的情况下，我们该如何给予临终关怀呢？如何在亲人剩下的日子里和他们有质量地一起度过呢？如何将上下两代之间的感情连接起来呢？玛姬用她自己的方式让自己活成了一座桥梁，一座连接爱的桥梁。她连接了青少年对自然、对科学的爱，她连接了对本我的关爱，她连接了家庭中祖孙之间的血缘之爱。

（关于玛姬："家园归航"第三届成员，澳大利亚海洋科学研究所空间生态数据科学家，研究全球变暖对海洋生态的影响。她还是一位杰出的科学传播工作者，三个孩子的妈妈。）

第三节　人与自然

美丽星空下的抗争 　　　　　　　　　　　　　　　　　　塔雅芭

（采访整理：王彬彬　王丽）

　　在"乌斯怀亚号"上，每天都在发生着生命与生命的交会。塔雅芭·扎法（Tayyaba Zafar）五官鲜明，有大大的眼睛、浓黑的眉毛、挺直的鼻子、丰满的嘴唇，组合在一起就是一位漂亮、性感的东方美女。我们与塔雅芭生命的交会可以用几个词语来描述：看见、惊叹、感动、影响。

　　我和塔雅芭的第一次接触是在乌斯怀亚的三天封闭培训上，当时我们被问到一个问题"你的人生梦想是什么"，塔雅芭正好坐在我旁边，她说："我想回去帮助巴基斯坦的穷人，特别是女童，她们的处境非常悲惨，我想为她们做点儿什么。"凭着我在国际发展机构近十年的工作经验，我不假思索就给出了建议："你可以辞职回国加入一些专业的扶贫组织啊，我知道巴基斯坦有很多这样的组织，我可以介绍给你！"塔雅芭说："可我也热爱自己的天文工作啊！"

随着对话的深入，我逐渐了解到塔雅芭是巴基斯坦历史上第一位天文学女博士，现在在澳大利亚国家天文台工作。同时，她也是一个四岁儿子的单亲妈妈。可让我惊叹的是她在这一系列社会化标签之后的戏剧人生，我惊叹于女性的命运在男性主导的世界里的飘摇和颠簸，感动于一个勇敢的灵魂在家庭、社会文化重压下的不妥协和抗争，感动于生命的脆弱和坚韧！

因为看见、惊叹和感动，我们的生命注定会互相影响。

美丽的星空带来的启示

"如果在我五岁时，有人告诉我，我将来会去欧洲留学，会在澳大利亚工作，会成为巴基斯坦第一位天文学领域的女博士，我一定会认为他在胡说八道。"塔雅芭认真地说。

塔雅芭的父亲是巴基斯坦非常有势力的一名商人，她有七个弟弟妹妹，她是老大。父亲对塔雅芭要求很严格，按照巴基斯坦的传统，女孩子不可以选择自己的未来，都要听父亲的。不过，塔雅芭小的时候父亲非常忙，没有太多时间管她，反而给了她足够的时间自己去探索。

大多数 80 后的童年世界没有网络，没有电脑，没有手机，童年记忆中有很多闲暇和放空时光。当我在油菜花田里与小伙伴嬉笑穿梭时，塔雅芭则是躺在外婆家后院的草地上看星空。一颗一颗小小的星星点缀着浓如墨的夜空，它们美丽、纯净、遥远而神秘，带给人无限遐思和幻想。她有时候躺着躺着就睡着了，有时候只是这样躺着发呆，想象星星上会有什么奇迹。

一颗种子埋下后，经过阳光、雨露的滋养，就会在一定的时候发芽。小小的塔雅芭开始通过各种渠道阅读与天文、星空有关的一切报纸、杂志和书。等到她读硕时，在巴基斯坦整个国家都没有开设天文学专业，更别说是一个女孩儿想去学这个专业了。退而求其次，塔雅芭选择了物理学，那也算是天文学最基础的学科知识储备吧。在硕士毕业之际，塔雅芭申请了多个海外的天文学博士项目，最终凭借她自己的激情、持续投入和韧性击败了天文学本科、硕士正统出身的其他几个竞争者，获得了全额奖学金去丹麦攻读天文学博士学位。之后她又去法国和德国从事博士后研究，曾在智利沙漠中掌管 8 米长的天文望远镜。现在塔雅芭在澳大利亚南部天文台工作，研究遥远银河系里的大气和金属颗粒。一棵从石头缝隙里钻出的野草凭借自己一天天的拼命扎根，一天天的吸收阳光、雨露，最终长成了一棵参天大树。

爱情与婚姻的妥协和抗争

我们是在改革开放的背景下成长起来的一代，可能很难理解一个同时代的巴基斯坦女孩在爱情世界里的微妙心理感受和身不由己的选择。当我们遇到心仪的女孩或男孩，在考虑是约对方出来看电影还是逛公园时，他们只能在走廊相遇时羞涩地去触碰眼神或者衣角。

塔雅芭在大学时也遇到了这样一位男生。在巴基斯坦传统文化背景下长大的她，除了在临睡前心里默默地回想，没有采取过实际行动。父亲对塔雅芭的教育表现的宽松并没有反映在对她的婚姻选择上。

"他退休了，不像以前那么忙碌了。他发现，怎么还有个这么奇怪又不听话的女儿呢！他不允许他的家族出现我这样的异类。他的办法就是把我嫁给他堂兄的儿子，这样我的所有荣誉就会落到父亲的家族头上。而父亲的兄弟姐妹们都巴不得我嫁到他们家，他们只想让儿子娶一个可以照顾他们儿子的人，一台可以取钱的机器。"父亲让她去接受教育，不是因为她足够好，而是因为父亲希望她为他的家族做一些事情。

在读博时，塔雅芭常常受到父亲的威胁。"如果我不嫁给父亲家族的某个儿子，我将无法完成我的博士研究生学业。我从没受过体罚，但是在精神上，我受到了很多这样的虐待。"

已经接受过现代西方教育理念的塔雅芭怎么可能愿意就此妥协呢？也就是在这个时候，她与大学里一见钟情的男生联系上了，不顾父亲的反对，他们在没有前期相处的情况下闪电结婚了。

好景不长，塔雅芭婚后不久就得了子宫内膜异位症，卧床八个月，经常大出血，浑身没有力气，有时甚至无法走动。她中间经历过两次手术、医生开错药等戏剧性事件。同时，医生还警告她，以她的身体状况，她可能很难怀孕。那段时间，她非常脆弱，她将病情告诉了父亲。父亲见缝插针，以"塔雅芭可能无法生育"为由让她的丈夫离开她，还彼此一个"光明的未来"。她的丈夫听从了劝说，离开了她，回到了他的家乡。分别前他说，他这辈子只结这一次婚，不会再结婚了。

后来塔雅芭的身体渐渐好起来，然而内心却没有走出那段夭折的婚姻带来的痛苦。与第一任丈夫离婚八个月之后，她按照父亲的安排，嫁给了他堂兄的儿子，也就是她的远堂兄。和初恋结婚的时候，塔雅芭非常想要自己的孩子，但一直没有；和自己不爱的人结婚后，没想到第二年就怀孕了。孩子的爸爸听到她怀孕的消息，第一反应不是高兴，而是震惊："什么？不是说你不会怀孕吗？你怎么突然怀孕了？"塔雅芭觉得他很可笑，说："医生只是说我的身体不好，怀孕概率比较小，没有说过我不能怀孕。"

第二任丈夫不愿意承担责任，一点儿也不喜欢他们的家，不爱她，甚至也不爱他们的孩子，他在塔雅芭的孕期离开了她。从此以后，塔雅芭就自己承担起了养育孩子的重担。

南极新起点

在南极，每一次说起自己的故事，塔雅芭都会哭泣。她很难从悲剧中走出来。"为什么这样的事情会发生在我身上？""我这么爱我自己的孩子，为什么父亲不能像我这样爱自己的孩子？""为什么父亲爱他的兄弟姐妹比爱自己的孩子还要多？"塔雅芭在自己悲伤的故事中迷失了。

尽管在这个国家的传统文化和家庭父权的支配下，塔雅芭在爱情和婚姻的道路上有过抗争，也有过放弃，可是她对自己的国家还是怀着天然的难以割舍的情结。在登陆南极时，中国队有时候会拿出国旗来拍集体照。塔雅芭受到触动，自己找出一张大白纸，在上面用彩笔画出巴基斯坦的星月旗。她站在南极，依然希望自己代表的是巴基斯坦。

说到人生使命，她的念头依然是"帮助在巴基斯坦的像她这样的贫穷女童"。正是因为自己撞上过暗礁，她才希望为后来人铺平道路。这一次，我给了她一个新建议："塔雅芭，你不用辞去你热爱的工作了！你可以把你的故事写出来，让更多巴基斯坦的女孩子读你的书，让她们知道通过自己的努力可以过上不一样的人生！"塔雅芭的眼睛亮起来："对呀！这个我可以做到！"

在船上的"封面故事"环节，我鼓励塔雅芭用巴基斯坦语写下自己想说的话，她写了一首诗。她说，她已经有 12 年没有用自己的母语写过诗了。当她在船上用巴基斯坦语大声朗读自己写下的诗歌时，她脸上的笑容如此骄傲、如此明亮。那一刻，我真心为她高兴！

在南极登陆的最后一站，塔雅芭再次向我说起她的故事，她还是会流泪，我们约定把悲伤的往事留在南极。散步的路上，塔雅芭告诉我，这趟行程让她有更多信心面对今后的路，她不再那么在意外界的评价，而是真心为自己的努力自豪，更加尊重自己，感恩自己的经历与遭遇。站在南极火山口的黑色沙滩上，我和塔雅芭拥抱在一起，幸福的泪水从我们的眼睛里流出来，落在了那片美丽的沙滩上。

从南极回来之后，塔雅芭更加开心、更加满足，更加有"活着"的感觉了。她开始照顾自己，更多地照顾孩子，更多地走进大自然，更多地告诉别人，"我为我自己而自豪，我走过了一条长长的路才终于到达这里"。

也是在回到澳大利亚后她才得知，她那宣称"再也不会结婚"的第一任前夫已经和另一个女人结婚了。在船上的时候，她鼓足勇气给他打电话，他还说他爱着她，希望去澳大利亚和她团聚。而那时候他之所以骗她，不过是想通过她去澳大利亚生活。了解真相的塔雅芭已经没有愤怒和悲伤，她感到庆幸，庆幸自己能够看清真相，以避免又一次走入戏剧性的虚假爱情。对于未来的感情生活，她信心满满，她相信自己能够走出这道巴基斯坦传统文化加诸她身上的魔障，像西方世界的任何一对正常男女一样，去相识、相处、相知、相伴。她开始为自己找"意中人"，而不是听任父亲给自己找"意中人"。她全然接受已经发生的一切，并放下了过去，轻装上阵。她说："即便有这样的家庭，我依然具有拥抱幸福的权利，并且我将经历更多幸福的事情，我在心里期待着！"

（关于塔雅芭："家园归航"第三届成员，拥有传奇经历的巴基斯坦第一位天文学女博士，现任澳大利亚国家天文台研究员，越来越自信的单亲妈妈。）

找到你的位置，占领这个地方 弗朗西斯
（采访整理：胡婧）

在第四届"家园归航"的船上，有好几位 70 岁左右的前辈，有国际妇女基金会 CEO、国家儿童医疗协会主席，还有学术"大咖"、国家院士。弗朗西斯·塞帕罗维克（Frances Separovic）在 2005 年成为墨尔本大学和维多利亚州的第一位女性化学教授，后来担任院长，并在 2012 年成为澳大利亚国家科学院第一位女性化学院士，她同时也是澳大利亚官佐勋章（AO）的获得者，入选 2019 年"女王生日荣誉"（Queen's Birthday Honours）名单。我也在科研路上走了很久，见到弗朗西斯非常激动，很好奇她的经历。一次晚餐后，她向我慢慢讲出了这些闪亮名号背后的故事。

南斯拉夫人？克罗地亚人？澳大利亚人？

弗朗西斯出生在克罗地亚，当时克罗地亚是前南斯拉夫的一部分，她在 3 岁的时候就和家人一起乘船到了澳大利亚。她的父母在自己的祖国没有受多少教育，父亲是矿工，上过小学一年级，母亲是清洁工，上过小学二年级，所以她是家里第一个念完小学的人。

她在新南威尔士州最西端的布罗肯希尔长大，在这里的公立学校里，除了弗朗西斯和一个意大利女孩，其他人都是本地人。"当我看到以前的照片时，我可以回想起当时的感受。我曾经是'怪人'，我为自己的与众不同感到不对劲，我也总是为父母感到羞耻，因为他们只会说外语。我真的想了解澳大利亚人，我不知道他们在说什么。后来发生了古巴导弹危机，我妈妈要我翻译整张报纸，然后我们跪下来对着冰箱祈祷，当时的我不认识冰箱上的耶稣图片，所以我一直认为上帝在冰箱里。"

虽然澳大利亚是一个移民国家，但是第一代移民会很难认可自己是本地人，这种身份认同的疑惑存在了很长时间。"我生长的环境让我成长为南斯拉夫人，而不是克罗地亚人，我从未接受过我是克罗地亚人。当南斯拉夫瓦解时，我不得不停止说自己是南斯拉夫人，并接受这个事实。直到有一天澳大利亚的克罗地亚大使与我联系，他们因为我在当选为院士时接受了很多关于提升女性在科学界的领导力的采访并被报道才接受我。当我看到克罗地亚总统走进我的学院时，我开始哭泣，我从来没有梦想过会有这一天，原来我是克罗地亚人，也是澳大利亚人。"

技术员？单亲妈妈？博士生？

18 岁那年，弗朗西斯在悉尼的澳大利亚联邦科学与工业研究组织（CSIRO）担任助理技术员，开始了她第一份真正的工作。作为微生物实验室的技术员，她一整天都在数细胞、洗试管。她每个月的工资是 50 美元，想要买一台洗衣机都负担不起。她想要去银行贷款，银行不同意，说没有男人的同意就没有办法给她贷款，哪怕她自己有稳定的工资收入。

20 岁时，她成为单亲妈妈，有一个儿子，"儿子是激励我做得更好的最大的动力"。当时的社会对女性，特别是单亲妈妈非常不友好。当她后来终于有足够的钱为让她的孩子有更好的生活条件而买房子时，她也没能力贷款，不得不找了父亲来做担保，虽然父亲的工资比她少得多。

20 世纪 80 年代的科研单位也不是想像中的科研天堂。当时 CSIRO 不允许没有学历的技术人员使用图书馆，只有那些有正式学位的"正式科研工作者"才可以使用，而弗朗西斯只有高中学历而已。好在弗朗西斯的老板是特别开明的人，为她辩护，使她有了使用图书馆的权利。

作为一个单亲母亲，弗朗西斯在全职工作的同时学习了非全日制课程，并获得了生物技术员证书，但后来她把注意力转向了麦考瑞大学的数学和物理学。"我决定学习数学和物理学，但是我如果不学习化学，就无法获得理科学士学位。而我只对数学和物理学感兴趣，所以我最终获得了数学和物理学双学位的文学学士学位。这时候，我是单亲妈妈，仍在 CSIRO 工作，并认为我拿到物理学家的工作机会可能超过做数学家的机会，所以我开始边工作边攻读物理学博士学位。[1]

"我有一个相当不错的老板，他让我尝试了很多事情，他总会说走远点儿，走得更远点儿！他有一个博士研究生，我帮他做了很多实验，但是他没有把我作为他论文的作者。我帮老板审核他的论文，并在结尾的感谢里添加了：我要感谢弗朗西斯帮我做实验、整理数据、写论文等。我老板在看到之后就开始笑，他知道我在做和他们一样多

---

[1] 国外高校接受本科生在拿到学士学位之后直接申请攻读博士学位。

的事，不能因为我没有博士学位就不让我当作者，在那之后，他总是在论文里带上我。"

有一次 CSIRO 要举行一场大型会议，那时候弗朗西斯刚刚拿到她的博士学位，坐在大型国际会议现场桌旁，会议决定让她的老板担任财务主任。弗朗西斯直接站起来说："不行不行，如果他是财务主任，我还是会做所有的工作，而他会获得荣誉，但获得荣誉的人应该是我。"因此，他们让弗朗西斯当了财务主任。

做生物物理学的化学教授？

当弗朗西斯博士研究生毕业时，她的儿子已经完成了高中学业，所以她于 1994 年从 CSIRO 休假，进入美国国立卫生研究院担任博士后。她的研究领域重点在使用核磁共振波谱仪研究薄膜蛋白的结构和作用。

"我喜欢做一名科学家，因为这样可以确定事物的运作方式。我最开始使用一台古老的计算机，它只能完成现代袖珍计算器的工作，但大小却占据了整个房间。我把负责实验信号的所有物理相互作用进行统计，然后计算数字。"弗朗西斯特别喜欢理论和实验的结合，这样甚至可以计算出原子水平上的情况。无论是分子、抗生素，还是毒素，当发现事物的工作原理时，都可以使它们更好地发挥作用或阻止它们。在原子的层次上，可以看到它们如何像小型计算机一样工作。这种理论强大的预测能力使弗朗西斯感到敬畏。

那么，一位生物物理学家怎么会最终成为化学系的一员？

1996 年，弗朗西斯已经 40 岁了，她在墨尔本大学化学系看到了招聘固态光谱学人员的广告。他们有研究聚合物和其他材料的人员，需要具有固态光谱学经验的物理化学家才能确定结构。"这个职位太符合我的领域了！"但是面试的是化学系的教授委员会，他们问弗朗西斯："你可以在第一年教本科化学吗？"弗朗西斯回答："我是生物物理化学家（而不是生物物理学家），我当然可以教化学！不然我就不会申请了。"

学校决定录用弗朗西斯，但是因为她之前在 CSIRO 工作了 24 年，又做了两年的博士后，她的工资水平和副教授的相当，学校决定给她提供副教授薪水水平的高级讲师职位。弗朗西斯不同意，说她更喜欢和薪水相当的头衔，最后学校同意给她提供副教授的职位。

就这样，弗朗西斯在 40 多岁时开始了在墨尔本大学的副教授生涯。正是因为她拿了副教授的职位，学校给了她很重的教学负担：第一年的化学课，学生有 500 人，这是最难上的课。弗朗西斯后来才知道，其实化学系的教授委员会并不想录用她，虽然学校的其他人喜欢她，但是化学系的教授委员会认为她是学物理的，尤其是因为她不是真正的化学家，他们想证明弗朗西斯并不了解化学，比如让她准备一节预备课，却在最后因为有拼写错误而责备她。"我曾经经常在我的办公室哭泣。我原本想，如果我度过这一年，下一年会更容易，但下一年他们又会给我不同的科目，这太难了。1996 年确实是艰难的一年。我没有拿到任何科研经费，因为拿到了副教授的职称，所以也得不到给早期研究人员的资助。虽然我陆陆续续拿到了和别人一起申请的经费，但是我拿到第一笔个人的科研经费是 6 年之后的事了。"

在这样的职业生涯里，弗朗西斯疑惑过要不要再升职为教授。这时候，她又碰到了一位特别好的导师。墨尔本大学为了能有越来越多的女性教授，给每一位还不是教授的女性教师配备了一位导师，弗朗西斯的导师是工程院院长。"我们每月开一次会，我知道我可以向他寻求建议。我告诉他我永远不会当教授，因为教授要专注于自己的研究，而我想做更多的事情。我喜欢做研究，但我想教书，与人互动，还想做其他事情。他告诉我，当我成为教授之后，我就可以重新定义教授是什么，教授不仅仅是做研究的，也要去指导更多的人。"就这样，在墨尔本大学化学学院，弗朗西斯取得了一系列开创性的成绩：1996年，她被任命为第一位女性化学副教授；她在2005年成为维多利亚州第一位女性化学教授（澳大利亚第三位），并于2010年成为首位女院长，直到2015年；2012年，由于她在生物物理化学领域的杰出工作，她成为第一位澳大利亚科学院化学领域的女性院士。

女性科学家未来的路在哪里？

弗朗西斯觉得自己已经创造了历史并成为其中的一部分，但是女性科学家未来的路在哪里呢？

按照联合国教科文组织的统计，近年来，女性研究人员只占当今研究人员总数的不到30%，在较高的决策职位上则更是少得多。尽管在1969—2009年，美国生命科学领域授予的女性博士学位的比例从15%增至52%，但在2009年，生物学相关领域的助理教授中只有大约三分之一是女性，而在全职教授中，只有不到五分之一是女性。今天的数字与此相似。在医学院的常任理事中，女性只占15%。弗朗西斯说："世界不能继续轻视一半以上人口的科学潜力，我们需要研究并克服在科学、技术、工程和数学领域的性别差异。"

为什么女性在 STEM[①] 领域代表性不足？在科学中，就像在社会的许多领域一样，存在着对女性的偏见。偏见的影响可能会随着时间的流逝而累积，从而影响职业发展。弗朗西斯提到她在某个选举委员会任职，一位同事问她在做什么，她回答说我们正在寻找科学部门的新负责人，但很困难。他接着问："您是需要选择女性负责人吗？"有这样的态度，难怪通往领导层的渠道中女性正在流失。这是一种排斥和无意识的偏见，使女性感到不确定，从而变得士气低落，被边缘化。

大多数人都知道这项研究：在给定姓名相同、性别互换的简历的情况下，男性和女性学者都认为男性申请者更有能力，并为他提供了更高的薪水。无意识的偏见也以女性科学家每天都会遭受一系列"微攻击"的形式出现。多年来，带有侮辱、性别歧视的笑话和言语破坏了女性的信心和野心。每一次，损害都会加重。我们都参加过这样的会议：一个女人提出了一个建议，而这个建议被忽略了，然后她会听到一个男人因稍后再提出同样的观点而受到赞扬和支持。来自老师、讲师、教授、教务长和著名科学家的微攻击特别有害，这些人应启发并支持我们的下一代科学家。我们需要确保女性充分、平等地参与科学研究。男性需要带头成为"变革的冠军"。我们必须取缔公然的骚扰，鼓励包容和改变文化，以赞扬女性在科学界的价值。弗朗西斯说："我经常是房间里唯一的女性，我很高兴看到科学界中女性的比

---

① STEM 是科学（Science）、技术（Technology）、工程（Engineering）、数学（Mathematics）四门学科英文首字母的缩写。——编者注

例有所增加，特别是在高中阶段。过去，我总是在建议要有更多的女发言人，而人们会嘲笑我，而现在他们会来请我找女发言人——事情有了多元化的改变。但是，这种变化缓慢而痛苦。"

"女性在申请职位的时候也会更谨慎。过去我们在招人的时候，一个职位会收到100多个申请人的申请，其中只有3名女性！那我们要怎么办？现在我们在招人的时候，会单独在广告里写出来，这个职位我们要招4个化学讲师，要求2名女性、2名男性。"弗朗西斯还建议把学术报告会安排在中午进行，变成午餐会，这样下班后要去接小孩的妈妈们就不会错过那些经常在下午或者傍晚进行的报告会了。"科研工作对女性的压力格外大，特别是她们是妈妈的话。虽然我们有带薪产假，但是很多时候我们的教授委员会在评判女性教师的科研成果时会单看她们的论文发表量，把休产假的女性和不休产假的男性一起比较，这样非常不公平。"弗朗西斯又强调，"单单按照论文发表量来评估也是不科学的，每个人都有不同的看法，我们要不断更换教授委员会成员，让各种各样背景的候选人都可以得到公正的评判。"

对于年轻的女性科学家，弗朗西斯建议要保持"三个P"——激情（passion）、耐心（patience）和毅力（persistence），还要主动建立网络，并抓住机会自我介绍或让别人知道自己对某些角色的兴趣。交流想法同样重要，良好的推销技巧是必要条件，但需要保持平衡，不要推销过度，要保证道德和正直至上。我问弗朗西斯："您已经'打通关'了，也鼓励了越来越多的女性被看见，那下一步您要做什么呢？"70岁的弗朗西斯在深夜一点多的南极船上仍然神采奕奕，她激动地说："我在学术界里已经'通关'了，但是我想要借我的影响力进入商业组织的董事会，我相信商业可以创造更加可持续的、跨越国界的影响。我们不仅仅要找到自己的位置，还要占领这个地方！一起加油！"

（关于弗朗西斯："家园归航"第四届成员，墨尔本大学和维多利亚州的第一位女性化学教授，2012年成为澳大利亚科学院的第一位女性化学院士，同时也是澳大利亚官佐勋章的获得者，入选2019年"女王生日荣誉"名单。）

涅槃重生，与癌共存　　　　　　　　　　　　　　凯伦

（采访整理：王丽）

　　与凯伦·约翰斯（Karen Johns）见的第一面，是在乌斯怀亚的翡翠潟湖徒步时。那是项目开始前的一天，下着淅淅沥沥的小雨，在一片开阔的草地步道上，我和同伴与两人迎面相遇。简单地问候之后，我们意外地得知她们也是"家园归航"第三届的参与者，而且是母女。我惊讶地合不拢嘴，母女同时入选这个项目该是怎样的体验啊？妈妈凯伦的短发被故意弄得有些蓬乱，染了色。我对她的第一印象是一位"潮妈"。

　　"乌斯怀亚号"起航后，船行至"臭名昭著"的德雷克海峡。它是经由海上从南美大陆到南极的必经通道，以大风大浪闻名。大船乘着海浪颠簸前行，舷窗外是一望无垠的海面，还有偶尔造访的南极大鸟信天翁。中厅里只有少数一些免遭晕船折磨的幸运儿，三三两两坐着闲聊。见凯伦闲坐在那里，我就和她聊起申请"家园归航"的事情来。

　　她的一位好朋友参加了第一届的"家园归航"项目，并极力向她们推荐。于是，她和女儿萨拉（Sarah）决定同时参与选拔，并在最后一刻递交了申请。在申请表上，她们都没有明确说明她们是母女关系。在发放录取通知的那天，她俩坐在一辆汽车里。萨拉摆弄着她的手机说，结果出来了，她没有被录取。凯伦连忙安慰女儿，鼓励她不

要放弃，还有下一次机会。当时，对于自己是否入选，凯伦没抱任何希望。接下来，萨拉查看了妈妈的邮箱，惊讶地说："妈妈，你通过了！"幸运的是，后来萨拉收到项目组的通知：有人退出项目，萨拉可以替补。就这样，机缘巧合成就了母女二人同时参加这个项目的一段佳话。

项目组在录取她们之前已经得知她们是母女，也比较纠结将两人同时招进来是否对她俩有益。如果她俩一直抱团，很少与其他人交流，那么她俩在项目中的收获就会大打折扣。事实证明，在船上的三周里，这对母女各自独立，很少待在一起。

当萨拉晨起在媒体室带着一群人做着高强度间歇训练（HIIT）时，凯伦在甲板上绕圈快走。我们和凯伦开玩笑说她创造了一头给我们进行"魔鬼训练"的萨拉"猛兽"。在整个旅程中，凯伦时常坐在媒体室的公用电脑前检查邮件，她的母亲96岁，已经不吃什么东西了，她面临着母亲随时去世的可能。在这件事情上，萨拉的陪伴对凯伦来说又是一个莫大的安慰。

这对母女都是教科学课的小学老师，两人服务于墨尔本两所不同的学校。当我和凯伦聊到她如何走上当教师这条道路时，凯伦说："20世纪70年代初期，我们的选择非常有限。我的朋友做了教师，我想也许我也可以成为一名教师。我接受了社会对我的期望，没有思索过什么是我自己喜欢的。我从走上教师岗位到如今已42年。"

在海上研讨会的三分钟演讲上，凯伦首次讲述了自己的过往。令我们惊讶的是，这位"潮妈"的背后，竟有着"涅槃重生"般的过去。

离婚

在成为三个孩子的妈妈后，凯伦全心全意照顾孩子，把他们养大成人。第一个孩子很好带；第二个从小身体不好，花费了凯伦很多精力；老三就是萨拉，她小时候总是夜哭，凯伦很难睡个好觉。在养大孩子的同时，她忘记了自己，失去了"我是谁"的定位。当别人问她喜欢做什么时，她无言以对——她不知道自己喜欢什么。她不画画，不唱歌，不做针线活……可即便这样，她的生活还是被塞得满满的，社交圈里的所有人都是孩子同学的妈妈。

当凯伦 50 岁时，她蓦然一惊："这个人不是我，这不是我想要的自己。"人生早已过半，她不知道自己还有多少年可以活。那些隐藏的问题开始返回来找到她，于是她清楚地意识到："我不想自己若干年后还是这样的状态，我不想要这样的婚姻关系，我要离开这场充满责备和吼叫的婚姻。"

她去做婚姻咨询，得到咨询师的建议，但是帮助不大。她的前夫不愿意改变，还责备她。而她没有力量和勇气说："停！不要那样对我！"她想要找到自己的力量和勇气。她明确地知道社会的期望、丈夫的期望、妈妈的期望，却迷失了自己。

"我在哪里呢？！"

凯伦的转折点在一次开车途中。她开到一个 T 字路口，孩子们还在车上，她应该向右拐回家。可是，她的心里真的很想向左拐，离开那个家，远远的。她心里有个小人儿在说，这是不对的，不要再去那个地方。但实际上，要做这个决定太难了。生活中的一切早已经紧密融合，分开谈何容易？离开住了几十年的地方，离开一起生活了几十年的人，真的很难、很难、很难！

在又一次大吵后，她的前夫说："如果你等着我主动离开你，这是不可能的。要走你走！"凯伦带着一丝悲伤说："我从来没有等待你离开我。我等待的是将自己的思绪理清楚。"也就是那次大吵之后，她终于走出婚姻，走出原来的生活。她孤单地走出来，没有得到任何支持。她的家庭（妈妈和姐姐）觉得她过了一个失败的人生。姐姐为了自己的面子，依然把凯伦和前夫的结婚照摆在桌子上。她离开了"家"，也失去了记忆中熟悉的一切。记忆再也不是触手可及的了，记忆在头脑里封存了。

凯伦找了一套房子，和小女儿萨拉搬了进去。她们只带走了极少的家具：一张桌子、六张椅子、一个柜子和一架钢琴。她买了新的家具，走进了新的房子、新的生活。两个大一些的孩子恨她，认为是她的错导致家庭破裂的。在他们小的时候，她的前夫并没有给予他们适当的关注。离婚后，他开始和他们说话，他们得到了自己所希冀的关注。于是，他们听从爸爸所说的一切，因为他们自己也不知道如何处理自己的情绪，如何看待妈妈离开家庭这件事情。而这些情绪，无论是恨还是悲伤，都要经过很长时间才能消解，而化解它们的只能是爱。

我们通常的人生阶段是：童年，青少年，认知自己，成年。如果你没有顺畅地从青少年过渡到成年，也就是没有经过自我认知的关键一步，那么在你成年后，一些隐藏的问题会返回来找到你。当内在的小孩与成人世界对你的期望严重脱节时，你就进入了人生最困惑的阶段。在社会文化的制约下，女人要做自己很难。世界各地的很多妇女，有些想当医生，有些想当工程师，有些想当明星，可是这些愿望常常在日常生活的消磨中溜走了。"我们要学会倾听自己的身体，倾听自己的心灵"，坐在我面前的凯伦与我谈起瑜伽中的太阳神经丛脉轮，又称脐轮（Solar Plexus Chakra，位于腹部，是聚集能量之地，以肚脐为中心像太阳一样辐射到四周）。当有人和你说"你不要申请'家园归航'项目了，你肯定选不上的"，或者"管它什么德雷克海峡，我们去酒吧喝几杯，不醉不休"时，你可以感受一下腹部中心地带是什么感觉，如果它像是被堵住了，光发散不出来，那你最好不要听从这些人对你说的话。凯伦给年轻女孩的忠告是：不要一头扎进自己不确定的事情。请事先不断问自己，这个是不是你想要的，是不是你深度渴望的事情。

癌症

离婚6个月后，凯伦被检查出患了乳腺癌。当时是2007年，萨拉15岁，凯伦52岁。当她刚刚得知患上癌症的时候，像许多人一样，她头脑里只有一个想法："癌症等于死亡！癌症等于死亡！"她低迷不振，提不起精神来，觉得自己控制不了癌症，末日已经来临。

孩子同学的妈妈在得知凯伦患了癌症后找到她，跟她说："我也曾经是一名癌症患者，你会没事的。"然而，此时的凯伦已无法理智思考了。有一天，她去后院倒垃圾，望着后院那棵矗立的橡树发起呆来。那一刻，她意识到自己只有两个选择：与癌症共存，或者死于癌症。"去他的！我要与癌症共存！"这一刻，观念的转变让她的能量值迅速回升。

与癌症共存的日子，让她学会了一个新技能。生活就像多米诺骨牌——先通过这项测试，再做那项检查，然后约见医生，做一场手术，手术效果好的话可以走这条路，不好的话走另一条路……一步一步地跨过难关，只管去做，不要对抗，不想其他事。这个时候，她把信任给予了医生、护士和各种治疗。她把控制权交出去，臣服于将要在她身上发生的一切。

一开始，医生们只是切去了她的一部分乳房。他们给凯伦看 X 光片，跟她解释："虽然检查到的癌症蔓延范围是这部分，但是我们必须切去比这个范围大一圈的乳房组织，以确保不留下任何癌细胞。"凯伦回应道："都切掉吧！活下来对我来说更重要。"

有一天早晨，她起床去冲澡，发现自己只有一只乳房，不是两只。她不断告诉自己："没事的，起码我还活着。"这跟她在离婚时搬出家的情形一样，"瞧，你什么都没有"。她也可以转念一想，"我至少还有一些东西……我没有生活在战争频繁的国家，我周围的人很可爱，总会有比我过得更惨的人"。她时时给自己做心理建设：当消极的想法出现时，像玩游戏一样给它变身，把它变成积极、共情、感恩，再把它装回脑子里，然后继续前行。

在患上癌症后，凯伦感受到了不同人的不同态度。好多人说："你好可怜啊！"她需要的可不是同情，只是被当成正常人一样对待。这时候，凯伦的愈合按摩师宙尔在帮她找回自己的位置上起了非常大的作用。有一次，凯伦在教书时帮助过的家庭送给她几张按摩券，在得知自己患了癌症后，她就拿去用了。按摩的时候，她认识了宙尔，她告诉凯伦："你的生活中还有很多选择！"宙尔用佛教的哲学来开导她：一个人有多重生命，每一个生命阶段都是一次历练，而每一次重生都是不断在生活中学习的过程。宙尔还告诉她，要找到自己的灵魂，进而将自己的能量释放。宙尔的话让凯伦很受益，这些话进入了凯伦的内心，让她重新找回力量去与癌症共存。在乳腺癌互助者团体，她也得到了很多温暖，与病友建立了新的联结，互相扶持，共同战斗。

5年后，她又被诊断出患了甲状腺癌。新癌症的出现似乎是在提醒她："别忘了你是一个癌症患者。不要放弃你的战斗！"幸亏只是甲状腺癌！如果乳腺癌重新来袭，那就糟透了。医生告诉凯伦，她是乳腺癌患者中占比很小的幸存者之一。

针对甲状腺癌，医生们先是切除了甲状腺，然后采取碘治疗——让患者吞服具有辐射能力的碘，以此吸引病坏的甲状腺癌细胞，这样就能杀死癌细胞。但碘是有辐射的，这种治疗方式也让患者的身体在一段时间内成为辐射源。整个治疗过程让凯伦备感孤单。治疗的房间非常小，只有一张小小的床和一间小小的厕所。房间里的所有东西在某种程度上都是有辐射性的。护士给了她药丸就会离开，第二天再来检查她的辐射程度。两个星期后，医院通知她说，她已经没有辐射作用了，可以回家了。虽然已经检测不出辐射，护士依然叮嘱她要离"老弱病残孕"远一些。出院后的6个星期里，她就只是待在家里，没有出门。那段时间她非常郁闷，但她安慰自己说："没事的，这就是生活，我能够掌控它。"

就在凯伦接受甲状腺癌治疗期间，她被通知，她可以去做乳房再造手术了。在澳大利亚，花1万澳元可以做乳房再造手术。她没有那么多钱。她在澳大利亚的公共健康管理系统上注册，这需要排很长时间的队，但费用很低。排了三年，终于轮到她了。这里每个月只对外提供一次手术的机会。当时她在接受治疗，不能前往，幸亏她与排在后面的人换了位置，顺利做了乳房再造的手术。

每年凯伦都去医院做血液检测。一开始是每个月一次，然后是每三个月、每半年、每九个月，最后是每年一次。有一天，凯伦的癌症医生对她说："你已经来这里 11 年了。你的状态非常好，以后不用来见我了，也不需要再吃药了。"这从某种程度上来说是一种胜利。

医生们很确定甲状腺癌不会再回来了，因为他们移除了甲状腺，同时为凯伦做了两次碘治疗，确保没有再发现任何癌变的甲状腺细胞。但是，对于乳腺癌，没人可以确定。它有可能会回来。现在，她就只能与癌症共生，接受它。如果她死于乳腺癌，那么就说明它并没有完全被消除；如果她死于其他病症，那么就说明她战胜了乳腺癌。人们喜欢听到她战胜了癌症的故事，因为人们不喜欢不确定性，而事实是：不到死亡的那一刻，谁也不知道结果。癌症患者就是在与不确定性共生。凯伦就如同在刀尖上行走的人一样，不同的是，她坦然接受了这样一种状态。

癌症不是什么好事，我们从来不期待任何人得癌症，但是也不必将它当作一无是处的事情去逃避。癌症让凯伦更加勇敢地去做自己。因为癌症，凯伦停止了她的工作。癌症让她停下来，有时间开始思考自己的生活。癌症也帮助她重新规划了生活，从她不喜欢的生活中寻到了一条出路。在生活中，有时候需要按下这样的暂停键，停下来，听一听，看一看，想一想。就如同我们在南极爬那座小山头时，我们刻意练习静默，感受与天地万物的联结，以及与真实自我的联结。

在 11 年与癌症斗争的过程中，只有三次有人陪同她去医院做检查和化疗，而这仅有的几次是因为当时她无法自己开车。她内心渴望有人能够陪同她，但是她一直以坚强示人。她没有轻易在人前展示自己的脆弱，她没有允许自己总是躲在墙角哭泣。

当时萨拉还太小，她的生活在前方，凯伦希望她去追逐自己的生活。有一次，萨拉在打排球时严重伤到了膝盖，需要做一场膝盖重建的手术。她很喜欢打排球，并且打得非常好。她正在研究进入澳大利亚国家排球队的机会，而因为这次意外也无缘于此了。医生将萨拉的手术安排在星期二，凯伦说："不行啊，我周四在这里有 6~8 个小时的化疗。我要确保萨拉接受手术后，我有足够的精力来照顾她。"凯伦就这样在自己的化疗和照顾手术后的萨拉之间来回切换，甚至有时在化疗后的晚上还得去接萨拉的姐姐。

2008 年北京奥运会期间，也就是凯伦被查出乳腺癌的第二年，凯伦在澳大利亚结束了一次化疗，隔了差不多一个星期后，她来到北京为澳大利亚运动员的家属提供服务。在北京、伦敦和里约奥运会期间，她为 45 个弱小贫困国家卖奥运会的门票。每卖出一张门票，这个国家就可以获得一定的佣金。一位还处于癌症治疗期的年过半百的女人远赴重洋，与异国他乡语言不通的人们建立联结，为运动员家属服务，为弱小国家谋取利益。当我们的思维处于"我不能"的情况下之时，所有的门也就关上了。然而，就在一个转念——"我要和癌症共存！"之后，一些崭新的可能性又会在眼前铺开。

我们永远不知道自己可以经受多大的挫折和挑战，直到困难摆在我们的面前。我们体内藏着非常大的潜能。凯伦在面对这种人生悲惨的困境时，没有交出自己的控制权，没有怨天尤人，没有让这一件事情影响她想要做的其他事情，比如照顾女儿和为奥运会中的弱小国家摇旗呐喊。虽然和癌症共存是一个漫长的抗争过程，但她知道只要熬过最艰难的日子，往后的日子就会越来越好。她是人生山峰的攀登者，她用她的信念、责任感、勇气、抗挫力来直面癌症治疗过程中经历的种种，将这一恶性事件变成生活中一份被包装过的祝福，让自我觉醒，让灵魂生长。她的生命故事让我看到，抗挫力能够带领一个人走过荆棘和坎坷，使灵魂到达新高度。它对我们坦然、平静地面对生活中大大小小的磨难给予了一种启示，让我们能真正张开双臂拥抱生活中的一切！

（关于凯伦：澳大利亚维多利亚州的小学科学老师，三个孩子的妈妈，与两种癌症抗争并共存至今。）

第三章

领导力工具箱

读完 12 名中国女性的成长轨迹和 8 名来自世界各地的女性的人生故事，不知道你看到了怎样的生命个体，又是否从她们身上得到了某种启发？无一例外，我们每一个人都曾经在人生路上徘徊、纠结、痛苦、挣扎，我们最终都选择了去更好地认识自己和寻求改变。本章将把我们在南极学到的最有启发性的五个自我改变小工具分享给你。不管境遇如何，不管人生多么艰难，让我们更好地认识自己、接纳自己，从而获得善待他人和这个世界的更大能量。希望这次南极之旅中曾经激励和鼓舞我们的，也能够对你有借鉴意义。

第一节　我需要领导力吗

　　读完 20 位女性的故事，不知道你对"领导力"这个词是不是有了不一样的认识呢？澳大利亚小学科学老师凯伦在患上癌症后，涅槃重生，重塑了自己；玛姬用她像海洋般深沉的爱在家庭中建立联结，让爱在外婆和外孙女之间流动；巴西姑娘娜塔丽发愿成为巴西环境部的部长，她想要用自己的德行、智慧、知识和能力来治理一个国家的环境问题；在船上以自己在联合国工作的经历为案例进行分享，又在旅程中现身说法给我们讲解什么是真正领导力的克里斯蒂安娜在全球范围内寻求协同，共同治理我们这个星球的气候变化和环境问题。凯伦在"修身"，玛姬在"齐家"，娜塔丽在"治国"，克里斯蒂安娜在"平天下"。她们在不同的层面上有所作为，而我们在"家园归航"的培训中认识到，无论你是在修身、齐家、治国、平天下的哪一个维度上不断修炼和进取，你都是在锻炼你的领导力。

　　这似乎与我们很多人的认知是不一样的。很多人认为，"我就想把我的小日子过好，把本职工作做好，也不想当领导，所以领导力这个词离我很遥远"。我们都有过这个困惑，觉得锻炼领导力是领导的事，并不一定与自己有关系。如果我们问十个人，你觉得领导力是什么，也许有四个人会觉得领导力就是"扯"，三个人会觉得领导力是教你如何做一名好领导，两个人会觉得这是管理学的分支内容，只有一个人有对领导力的不同理解。而今天我们要告诉大家的是，领导力不专属于某一类人，而是与我们每个人都有关。

在我们生活的场景里，说实话，"领导"这个词在很多时候并不是一个褒义词，包括"领导"这个角色也往往是不讨人喜欢的。在很多人的私人社交圈里，领导是用来吐槽的。也许是因为这样，稍微有点儿心气的人，好像都不屑于去提高自己的领导能力。毕竟，"如何更好地当一个有权力但不讨人喜欢的人"听起来并不那么有吸引力。

本书旨在破除大家对领导力的理解误区，并告诉大家，"每个人都可以且需要提高领导力"。领导力的英文是 leadership，也就是一名 leader（领导）应该具备的能力。Leader 一词该如何理解呢？为了避免陷入文字游戏的迷网中，我们可以不用"领导"这个词作为 leader 的中文翻译，或许，"引领者"这个词更符合 leader 的含义。我们可以尝试问自己一些问题：我的生活由谁做主？谁应该为我的生活、家庭和事业负责？谁可以教我该爱谁、不该爱谁？谁可以决定我的梦想？谁帮我实现我的人生目标？

如果你的答案都是"我"，那么恭喜你，你已经是一名 leader了——你是你自己生命的 leader。你清楚地知道，只有你自己能够决定你的梦想，引领你的人生，定义你是谁。如果你代表着一群人的梦想和目标，要带着一群人去引领一个领域的发展，实现共同的目标，那么你就是这一群人的 leader。

领导力不是要教你怎么做一个管理者，而是要告诉你成为一个更卓越的引领者需要具备哪些特点。说起引领者的特点，我们在南极领导力培训课程中做过一次关于理想型领导的测试，大家在 240 个描述性的词语里进行选择，一些高频词浮出水面：懂得鼓励、支持和培养他人，明白他人的需求，善于倾听，善于合作，看到他人的优点，认为人比事重要，乐于分享，乐意接受改变，独立思考，有抱负，享受挑战，善于规划，勇于承担，尊重自我，自信，有活力……这些就形成了优秀的引领者的群体画像。

我们从这些特点里也可以一窥引领者和管理者（传统意义上的"领导"）有何不同。

> 管理者是按照某种规则和要求去行动的人。管理者的作用是更好地组织和管理员工、制订规划、管控进度、应对问题及其复杂性，从而协助公司、机构或团体井井有条、稳定地发展下去。
>
> 引领者是创造规则、带领大家去行动的人。引领者心中有的不是他人对自己的要求，而是自己和团队所拥有的共同愿景，因此具有强大的自我驱动力，善于激励和团结人，懂得通过协作去应对变化的环境，从而创造新图景，带来新改变。

举一个浅显的例子：家人和这个社会的主流价值观是希望"我"好好学习、考上名牌大学学经济，于是"我"按照这个目标来制订学习和生活计划、管理我的时间、提高学习效率，最终成功考上名牌大学。在这件事情里，"我"是一个好的管理者，因为"我"懂得目标管理、计划制订、应对问题和解决问题，从而实现一个目标。但是，这个目标是不是"我"真心想要的？"我"是否对此有热情？"我"的理想是什么？"我"想要创造和改变的是什么？"我"如果只是一个管理者，就不需要考虑这些。

但引领者需要。哪怕只剩下自己一个人，引领者也需要有强大的内心驱动力去为自己的理想和愿望努力。以上述例子来说，如果"我"其实并不想考名牌大学学经济，而是希望成为一名作家，那么"我"会按照自己的梦想来设定自己的学习目标，我可能会广泛涉猎各种作品，锻炼自己的写作能力，"我"会选择一所文学专业不错的大学，并在大学期间积极与导师、同学们探讨文学的真谛，去体验各种不同的生活经历以获取写作素材，建立帮助自己提高的社交圈，不断打磨出有自己风格的作品，并且让这些作品影响更多人。

通过下面这幅图，我们可以更清晰地看到管理与领导力之间的根本区别：一个是被动应对，而另一个是主动引领。

MANAGEMENT	管理	LEADERSHIP	领导力
To produce order	带来秩序	To produce change	带来改变
To achieve consistency	实现一致性	To achieve a vision	实现愿景
Planning	制订规划	Setting the direction	确定方向
Coping with complexity	应对复杂性	Coping with change	应对变化
Organising and staffing	组织和管理员工	Aligning people	团结人
Dependent functions	独立运作	Interdependent	互相依赖、互助
Controlling	管控	Motivating	激励
Other directed	他人驱动的	Self directed	自我驱动的
Reactive	去应对	Proactive	去引领／主导

图 3-1　管理与领导力的区别

资料来源：组织和专业卓越中心（Centre for Organisational and Professional Excellence，简称 COPE）。

　　一个卓越的引领者能够具备以上这些特点，往往是因为他对自己和他人有更深的认知和理解。引领者常常有优秀的自我认知，善于倾听，懂得寻求反馈，令人觉得可靠、值得信赖。引领者擅长走进人们的内心和思想，了解并调动人们的内在驱动力，能够通过了解人们的长处和弱点来挖掘出他们身上最大的潜能；引领者有强大的内心，不仅能够很好地把握自己的人生方向，而且能够帮助和滋养周围的人；引领者懂得通过开放式的对话来帮助他人思考，并获得积极的结果。一个好的引领者常令人觉得被认同、受重视并看到价值的实现，还特别懂得在各种异见和不同中找到一个群体的共同着力点，从而以众人之力去攻克一些棘手的问题。这些问题小则是一个社区的利益冲突，大则是气候变化、消除贫穷、实现可持续发展这类全球议题。

　　看，这样的人该是多么充满魅力和鼓舞人心呀！你是否也想成为这样的人呢？你现在是否有一点点改变原来对领导力的看法了呢？本书有各种各样充满个人魅力和人生反思的领导力故事，希望有一天，我们也能读到你的改变故事。

第二节　那些关于自我认知的事儿

　　还记得我们三届南极探险队的队长吗？对，莫妮卡！这个出生于德国的女孩，曾在父亲的膝盖上陶醉地看着南极探险书，听着父亲讲的探险故事，期望自己有一天也可以成为南极探险队的队长。她得到的答案是"不行"，因为在当时的世界还没有任何女人是南极探险队队长。这个时候的莫妮卡不知道自己"不行"。仍抱有期待的她来到离南极最近的乌斯怀亚的火地岛大学，成为一名拉美历史教授。这个时候，她知道自己"不行"。薪水微薄的她靠在旅行社做德语翻译补贴家用。有一次，她送一批德国客人登上了加拿大的南极探险船。因为船上没有德语翻译员，紧急情况下，她主动举手并幸运地得到一次去南极的机会。这次经历让她下定决心实现儿时梦想，成为一名南极探险队队长。经过10年的训练，她成为世界上三位南极探险队女队长之一。这个时候，她知道自己"行"。有了20年带队去南极探险的经历，她对每一天行程的安排、每一次登陆地点的确定已经可以随机应变，了然于胸。当凭着多年的经验和直觉就可以做一些决定时，她似乎不用思考，而这往往比缜密的分析更加准确。到了这个时候，她已经不再需要随时随地提醒自己能"行"了。

从那个单纯做梦的小女孩，到今天有了 20 年带队去南极探险的经历的女人，莫妮卡经历了自我认知的四个阶段：不自知的不胜任（unconscious incompetence）、有意识的不胜任（conscious incompetence）、有意识的可胜任（conscious competence）、无意识的可胜任（unconscious competence）。

自我认知无疑是人生最重要的功课之一。我们身边经常有这样的声音："我觉得很困惑，我不知道自己是一个什么样的人，到底想要什么样的生活。这些困惑影响我求学选专业、毕业找工作、成年找对象等各个阶段的选择。家人和身边的朋友常跟我说你要怎样做、什么专业好、什么工作好、什么样的对象好……越说我越糊涂。"

"我的感情经历一直不太顺利，我只要一进入亲密关系就总会担心对方不爱我，很没有安全感，于是就会不断去问、去考验对方对我的爱，最后都以失败告终。为什么我总是遇不到真正爱我的人？"

"虽然周围的人都羡慕我的工作，但我心里为什么越来越不快乐？"

我们都走在自我认知的人生道路上，千百次地问过这样几个古老的问题：我是谁？我从哪儿来？我要到哪里去？这几个问题不只停留在我们的少年时期，对许多人来说，这是一生的灵魂拷问。不过对很多人来说，度过青春期和青年期之后，他们不会再经常问这些问题了。时时刻刻进行这样的自我反思，并不是大多数人的习惯。生活已经如此辛苦，为什么还要用这些形而上的问题折磨自己？甚至成年后的我们，会觉得问这些问题显得很幼稚或者故作深沉。

　　成年人往往觉得自己很清楚自己到底是个什么样的人、自己要的是什么。但是有趣的是，我们其实很少去深究自己的思维方式和行为习惯有什么固定模式，而这些模式背后的原因到底是什么。比如，上述的很多问题其实是很多人都有过的困扰。对于这些困扰，你的应对策略是什么？是怀疑自己"是不是有毛病"，或满不在乎地说"老子就是这样的人"，还是说"我没有问题，都是别人的错"？有的人难免容易陷入自我否定的旋涡，而有的人又盲目地理直气壮，甚至推卸责任。但这些表现不管是哪一种，都不算是真正了解自己，甚至算是一种简单粗暴的逃避，这种逃避行为往往以"我很糟糕""我就是改不了""我是受害者""我就这样得过且过"为结论。

　　本书想要跟大家说的是，我们的自我认知往往是跟随我们一生而动态变化的。自我认知的前提是，你需要认识到"我并不是真的了解自己"这个普遍的事实，并且不认为这是一种不成熟的标志。然后，你愿意开放自己的内心，去探究自己的行为、习惯、思维背后的原因，并且去接纳。不断地探索自己内心的奥秘，跟探索外部世界一样，都需要非凡的勇气，因为你发现的有可能是珠玉，也有可能是苦难。挖出自己矛盾、纠结、偏离常态的行为模式背后的原因，它们常常伴随着原生家庭、成长经历中伤痛的回忆，而这些回忆之所以演化成了行为模式中的矛盾之处，很可能就是因为长期以来你潜意识里是希望掩盖和逃避它们的。

　　或许你会说："我为什么要刨根问底问这么多？我觉得我这样挺

舒服的，干吗要自讨苦吃？"本书深深地理解一个人为什么不愿意去更好地观察自己、剖析自己——我们常常对真实的自我缺乏认同和接纳的能力，相比更好地认识自己，我们更容易恐惧，容易陷入自我怀疑和自我否定的旋涡。但如果你哪怕知道这个过程很痛苦、很漫长，也依然愿意鼓起勇气来重新认识一次自己，那么你可能会愿意先了解一下关于认知的几个步骤。

认知的四个阶梯

婴儿期：不自知的不胜任

认知的第一个阶段，是不自知的不胜任。怎么理解它呢？就是你不知道某件事，或你不具备某项能力，而且你完全没有意识到自己的无知或无能。我们可以把它称为认知的婴儿期。当小宝宝还在襁褓中时，他处于无意识的状态，不知道这个世界的真实面貌是什么样的，也不懂得自己会哪些本领而不会哪些。以开车为例，婴儿是不会意识到自己不会开车这件事的，他甚至都不知道车是什么。当然，这并不是说你只有在当小宝宝的时候才会不自知，从观察来看，成年人中不自知的现象其实也非常多。成年人在出现这种现象时，会显得盲目自信，甚至毫无理由的狂妄，像一个"巨婴"一样。

幼儿期：有意识的不胜任

当你长大了，不再是懵懂的婴儿时，你会意识到自己其实并不会开车。这时候就是有意识的不胜任了。也就是说，你清楚地知道你不知道某件事，或不具备某项能力。这个阶段一般会引向两个方向，一种是认识到自己不会，那就干脆维持原状；另一种是认识到自己不会，于是去学习掌握。后者就进入了成长期。

成长期：有意识的可胜任

为了学会开车，你找教练、上驾校、考试，终于获得了驾照，成为一名实习司机。这个时候，你就到"有意识的可胜任"阶段了。也就是说，对于这种胜任，你是需要不断提醒自己努力去达到的。刚学会开车的实习司机，往往需要不断提醒自己"上车要系安全带""记得在换挡前踩离合""看到行人要减速避让""出现紧急情况时记得刹车"以及谨记各种交通规则，才能够实现安全驾驶。但时间久了以后，你熟练地掌握了开车的技能，所有的知识、技巧、规则都在你的身体和意识里形成了融会贯通的状态，你就成为老手司机了。

老手期：无意识的可胜任

老手司机就是"无意识的可胜任"的典型例子。还有熟练的游泳运动员，不管在什么环境下，一到水里就都会游泳。又比如，你从小就会骑自行车，有一天你失忆了，但是你依然会骑自行车。语言能力也是这样，我们不需要提醒自己会说话才会说话。这种状态是很多人羡慕的认知的第四个时期，我们暂且就叫它"老手期"吧。

但进入这个阶段也未必就意味着已经可以无所顾虑了。淹死的往往是会游泳的，最好的攀岩运动员往往死于坠崖，发生交通事故的老手司机也并不少。到达这个阶段后也需要警惕自己的疏忽大意。有时候你自以为已经融会贯通了，却可能会因为最简单的失误而失败，或者你自认为不会有错，从而忽略了其他的可能性。而这种忽略，其实属于婴儿期才会有的"不自知的不胜任"。

因此，从某种程度上说，认知的四个阶段是不断循环的。

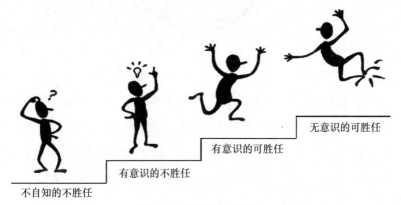

无意识的可胜任

有意识的可胜任

有意识的不胜任

不自知的不胜任

图 3-2　认知的四个阶梯

自我认知的路上，你会经历上面描述的四个时期，而认知本身也有三个不同的层次。所有认知的核心是自我认知，一个人只有足够了解自己，才能够了解和理解自己与他人之间的关系、交流的方式、互动的模式，从而更好地了解他人；了解了自己和与他人的关系，我们才会更了解我们所处的社会、环境，明白这个世界到底是怎样的。下面这幅图就形象地表现了认知的三个层次。

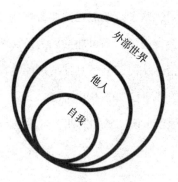

图 3-3　认知的三个层次

当我们谈到要影响和改变这个世界的时候，我们同样需要认识到自我、他人和外部世界这三个不同的层次。最后，希望无论何时何地，无论我们年龄几何，每个人都依然能够敞开心怀去解开自我认知的密码，真正从探索自我开始，去认识和影响世界。

第三节　是什么影响着行为改变

当我们对自我的认知更加清晰、在意识上也希望做出改变之时，我们常常会发现从思想转变到付诸行动还有好长一段路要走。例如，"我希望自己能够好好锻炼身体，下定决心每周去3~4次健身房，于是办了一张价值不菲的年卡，可是最后几乎没有怎么用，每个月都不一定能去一次。我是不是太没有毅力了，为什么做事情总是半途而废？"；"我的体重过重，导致形象也不好，整个人都没有自信，非常想要好好减肥。可是每次看到面前的美食，我就完全控制不住自己。我制订了健康饮食和锻炼计划，但是屡次打破计划。我觉得这样很不好，但是没有办法控制自己。"改变行为，养成新的生活习惯，为什么这么难呢？

在第一章"我们的故事"和第二章"她们的故事"中，你会看到这些符合外界对"社会精英"的定义的女性，并不是天生或从小就足够明智，就拥有良好的行为习惯。她们中的绝大多数人经历了蜕变和化茧成蝶的过程。中学时代就怀抱物理梦的女孩孙翎，一直以来走在社会所认可的成功道路上，成为 IT 业的精英。经过数年的挣扎和心理拉锯战，她才下定决心放弃已经到手的成功人生，回到梦想开始的地方，重新出发去申请天体物理学的博士研究生。2017 年诺贝尔物理学奖被授予为 LIGO 项目和为发现引力波做出重大贡献的三位美国科学家，孙翎正是这个捕获引力波的 LIGO 团队的一员。这两年她在加州理工学院从事她热爱的关于黑洞和引力波的博士后研究，如今成了澳大利亚国立大学引力天体物理中心的教职研究员。她小的时候体弱多病，可现在她是马拉松痴迷者。苦难的背后，常常是救赎。

　　我们拥有的最重要的能力是我们影响自己和他人的能力。改变了自己，也就间接影响了他人。像改变自己的行为习惯这样复杂的问题无法用单一、简单的要素来解决。人类行为学实验表明，需要同时具备改变行为的六种影响源（包括个人动机、个人能力、同伴压力、数据力量、奖励机制和周围环境）中的四种，改变和影响才更有可能发生。从孙翎的故事里，你可以看到，她纵身一跃跳入自己的梦想并成为天体物理学的逐梦者，这个过程涉及这六个影响因素中的好几种。接下来，本书就将这几种影响因素介绍给你。

表 3-1　改变行为的六个影响因素

内在因素	外部因素
个人动机	同伴压力
个人能力	数据力量
奖励机制	周围环境

1. 挖掘个人动机

改变行为可能很困难，特别是当个人动机很弱时。个人动机，就是改变之后的"为什么"。多问自己几次为什么，探索与自己的价值观和人生使命吻合的原因，这样强烈的个人动机是改变发生的最重要因素。打个比方，我想减肥，在一年内将体重减少12千克。这就涉及改变自己的饮食习惯，要做到三个"不要"：不要精细米面、不要糖、不要零食。这时候我们要不断追问自己：

为什么想要减肥呢？因为那样会让我穿衣服更好看。

为什么想要减肥呢？因为我想获得他人的认可和赞许。

为什么想要减肥呢？因为我想变得更健康，远离疾病。

为什么想要减肥呢？对我来说，这是爱自己和心理强大的表现。

为什么想要减肥呢？这是我能够按照自己的价值观生活的表现。

为什么想要减肥呢？这是我训练自己对欲望的自我觉察，和不对它做出反应的机会。

为什么想要减肥呢？这是我能够达成自己想要追求的一切事物的基础。

为什么想要减肥呢？因为我想用自己的亲身经历帮助家人、其他人过上"全人健康"的生活。

问答的过程将我们从表面的理由带到越来越接近自己最核心的价

值观，而找到心灵最深处的那个"为什么"，才是长期促进行为改变的本源动力。

2. 提升个人能力

当我们想要改变行为但无法行动起来时，我们认为自己只是缺乏动力。情况可能并非总是如此。有效的影响者实际上常常帮助自己和他人提高能力，从而提高个人实现变化的可能。在减肥这个案例中，涉及的能力包括提前计划的能力（提前 24 小时计划第二天的饮食）、说到做到的能力、抵挡诱惑的忍耐力、在人群中不从众的能力（比如敢于在聚餐等社交场合告诉大家你不喝含糖饮料等）和挑战权威的能力（父母坚持说不吃米面对身体不好，你有胆量坚持自己的观点）等。只有在不断摸索中掌握了这些能力，你才有可能改变你的饮食习惯，并达到减肥的效果。

3. 借助同伴压力

同伴压力可以带来令人难以置信的力量，帮助人们实现行为改变。几个有同样减肥目标的伙伴结成同盟或者加入一个训练营，与有同样愿望的人互相咨询、鼓励、督促，将会让整个减肥过程容易很多。

4. 巧用数据力量

数据是具有说服力的。数据可以度量行为的改变，从而给人以反馈和信心。比如，每天在固定时间记录自己的体重和体脂率，一个月后画出体重和体脂率随时间变化的曲线。你会发现，一两天看不到效果的事情，在更大的时间跨度上能展现显著的变化。同时，就如同股市的曲线一样，它并不是持续下降的过程。在短期内，体重的变化也有高低反复。然而，在总体趋势上，体重是在下降的。这会让你更有耐心，也更有信心。

5. 引入奖励机制

行为改变不仅需要强烈的动机、足够的能力，适当的奖励更会起良好的激励作用。因为改变的过程往往伴随着艰难，让这个过程多一些甜头，会让人更愿意采取行动。如果每个月能够减重 1 千克，你就可以奖励自己一份礼物，比如一条你心仪已久的裙子，或自己一个人去看一场电影。如果一年之后，你达到了自己的长远目标，你就可以考虑好好送自己一份你中意已久却不舍得买的大礼，比如一次到梦想之地的旅行，或一套你很想上却很贵的课程。

6. 改变周围环境

当我们想要改变行为时，我们常会忽略周围环境可能对我们产生的影响。这种影响可能会阻碍我们采取改变的举措，但也有可能鼓励我们去改变。例如，身处一个周围人都在吸烟的环境中，你就会很难戒烟；如果你生活在家人常年针锋相对的家庭氛围里，你就会更难改变你的表达习惯。有时，当外界环境对你的行为改变阻碍很大而让你难以改变时，你可以考虑换一个更接纳你的改变的环境。有时，环境中的一些简单变化就能营造出影响行为的氛围。比如，你与父母生活在一起，那么你可以先说服他们认同你减肥的想法，并在饮食上协助你进行健康搭配，这样他们还能友好地督促你，很可能你减肥一事就又多了环境的助力。

改变行为并非易事。一个人越是有意为改变做好准备，就越有可能获得成功。没有一种策略适合所有的行为改变，但以上六个影响因素可以供你参考。当你希望在某件事情或者某个习惯上做出改变时，你可以结合上述多个影响因素，为自己的改变创造更好的条件、做更多的准备。随着不同改变阶段的到来，你可能还需要根据实际情况重新评估、调整和制订适合你与特定时机的策略组合，以实现你的行为改变。

最后，再次强调我们的信念："我相信我有能力改变行为，从而获得我想要的结果，不管这个过程需要多长时间，不管我会失败多少次，也不管有多少新的东西需要我去学习。"

第四节　换一个角度思考人生

　　亲爱的读者，你知道我们大脑中一天会产生多少个想法吗？你有没有短暂地脱离你的肉身，站在更高的高度来观察你的想法呢？你对你的一些想法是怎么想的呢？在想法与它驱动的行动之间，是否留有空隙——给自我觉察留下的空间呢？

　　当凯伦得知自己患上乳腺癌之后，她的直接反应是"为什么会是我？上天真不公平！""我是世界上最倒霉的那个人！""癌症等于死亡，我没救了。"这些想法让她感觉不公，感觉自怜，感觉毫无希望。这些想法并没有什么错，我相信任何人在处于这种极端情境时都会产生这些消极的想法和情绪。如果一个人一直沉浸在这些消极的想法和情绪里，那么可以想象他会走向怎样悲惨的境地。

　　幸好，我们的凯伦没有。在一个傍晚，她去后院倒垃圾，站在那棵大树下，她转念一想，"去他的！我要与癌症共存"。这个想法给了她什么？希望和爱！它们正是一个人生存下去的动力。当然，这样一个转念也不是一成不变的。在面对治疗过程中的种种痛苦时，凯伦也会和我们一样再次跌落至悲伤、自怜的境地。但在这个过程中，她已经掌握了人生最重要的工具——自我觉察（self-awareness）和自我教练（self-coaching）。这个过程帮助她向光而行，帮助她在癌症治疗期间不去忧虑，只是去打破面前的一道道障碍。因此，我们看到这样一位坚强的女性，在做化疗的期间还能去照顾手术后的女儿，去北京奥运会为弱小国家谋求福利。

虽然我们大多数人都不会面对凯伦所面对的这种情况，可我们依然会在生活中为各种事情自怜自艾，感到不爽、恼火。例如，对于某件事情，我对同事们明确提出了要求，但同事们不予回应。我觉得他们看不起我，不把我放在眼里。我不明白为什么他们要这么对待我，是我真的做得不够好吗？我真的那么糟糕吗？又例如，丈夫在我们结婚纪念日这天加班，我打电话给他，他一直说自己在忙。他是不是厌倦我了？要不然怎么会连这么重要的日子都不放在心上？还是他觉得事业比我更重要？他是不是真的不爱我了？我去质问丈夫，他还觉得我无理取闹。类似的场景一定在我们的生活中以各种不同的面目出现过。面对这些不尽如人意的境遇，你是否观察过你内心的想法，看看哪些是真实发生的，而哪些只是你给自己加演的内心戏呢？你有没有想过，如果对同一件事情换一种思考的角度，事情的发展会发生怎样的变化呢？

我们大脑中每天会产生6万个以上的想法。我们从小到大，学习了如何走路、吃饭、读书、开车等各种知识和技能。然而，很少有人教我们如何看待自己的想法。当我们的想法不受控制的时候，我们会臆测出各种实际上不存在的事情，并把它们当成事实。我们会因这些臆想而做出反应和行动。而我们的人生，往往是由这样的一个个行动塑造的。

我们中的大多数人在成长的过程中，被社会、父母和周围人的固有思维教导形成了一套固定的大脑回路，我们会习惯性地用这样一套思维方式去对生活中发生的事情做出回应。现在很多人都在谈论原生家庭的影响，其实受这种影响最深的就是思维方式。比如，原生家庭里父母经常互相猜疑，那么儿女成年后的思维方式里也会缺乏信任，他们很可能会习惯性地怀疑和猜忌。而如果原生家庭和睦并充满互相信任的关系，那么这个家庭的成员在未来各自的生活中也会倾向于信任他人。

在成长历程、原生家庭、社会环境不可改变的情况下，我们其实可以选择去改变自己的思维习惯、行为模式，甚至有意识地管理自己的想法。我们的每一个想法其实都是我们做出的一个选择。我们可以重新训练自己的大脑，让它为我们带来积极情绪和正面的结果。不是我们碰巧产生的想法决定了生活的结果，而是我们有意识去选择的想法为我们带来想要的一切。这种自我觉察、自我训练的过程，我们称为"自我教练"。

让我们尝试把生活中的每个事件都按照以下五个方面进行梳理——环境、思想、感受、行动和结果，从而分析我们与这些事件的互动如何决定我们的整个生活。

针对外界发生的事情，我们有自己的想法和看法；我们如何看待事件决定了我们的感受；我们对事件的感受决定了我们的行动；我们做或不做的行为会产生事件的结果；结果的总和创造了我们的生活。也就是说，你的想法创造了你的生活，外在世界是你内在世界的直接反映。我们曾以为许多想法是"真实的"，甚至不认为它们只是想法。这就是自我教练可以切入的地方。

以下是我们如何定义事件的五个方面。

环境：世界上客观发生的事情。

思想：该事件在你脑海中激发的想法。这是你可以自我教练的地方。

感受：该想法引起你身体发生的振动／变化。由思想而非环境引起。

行动：我们对该事件采取的回应，包括所做的事情，或"什么都不做"。

结果：该行为引起的客观发生的结果。该结果常常证明了我们的想法。

当你使用此模型分析你的想法时，你将扮演观察者的角色。做这项练习是摆脱程序化思维模式并识别更深层次意识的最佳方式。作为一名观察者，一个不受无意识思考摆布的人，你会意识到你在生活中创造的每一种感受、行动和结果都是因为一种思想。

现在，我们来举个例子吧。请想一下：目前困扰你的问题是什么？回答这个问题，不要太在意它。请写下你的答案。它可能看起来像下面列出的问题之一：

我的生命没有任何意义。

我很伤心。

我讨厌我的工作。

我体重 90 千克。

我一直对我的孩子大喊大叫。

我很丑。

我没有足够的钱。

一旦你写下了这个问题，无论它看起来多么小，你都可以把它归为模型中的五个因素之一。例如："我很伤心。"这是一种感受，所以你会在图表上的"感受"旁边写下"悲伤"，如下所示：

环境	
思想	
感受	悲伤
行动	
结果	

然后，你可以通过询问以下问题来填写图表的其余部分：是什么让我感到难过？当我感到难过时，我会怎么做？当我感到难过时，最终的结果是什么？

想法一类的问题同样适用该模型。例如："我讨厌我的工作。"你会把这个想法放在图中的"思想"旁边：

环境	
思想	我讨厌我的工作。
感受	
行动	
结果	

然后你可以提出以下问题：是什么事情让我产生了这个想法？当我想到这个想法时，我感受如何？当我想到这个想法时，我该怎么做？当我想到这个想法时，我生命中的结果是什么？

这是我们的伙伴之前填写的回答：

环境	老公在结婚纪念日送了我一只施华洛世奇的手表。
思想	我想要一只苹果运动手表，它更有用。老公不懂我的心意。
感受	失望，不高兴。
行动	让他把手表退了。
结果	他更加不敢给我买东西，也越来越不懂我的心意。

模型中的结果往往证明了自己的想法。如果再往深处挖掘一下，我们对他人的评判实际上反映的是我们对自身的评判。其实，这个伙伴又何尝懂得她丈夫的心意呢？

关于同一问题的不同想法将导致不同的感受，因此产生不同的结果。我们可以试一下：

在这里，不同的想法创造了不同的体验，也产生了不同的结果。一旦你察觉到那些对你人生的结果并无益处的想法时，你就可以有意识地选择相信什么。也就是，"换一个角度思考问题"，我们无法掌控其他人和已经发生的事情，我们唯一能掌控的是我们如何看待这些事情。一旦你有了一些你真正相信的想法，你就需要去刻意练习这些想法。

环境	老公在结婚纪念日送了我一只施华洛世奇的手表。
思想	这只手表简洁、精致、大方。他的礼物表达的是他的心意。
感受	被爱和爱。
行动	常常戴着手表。
结果	他将来会用不同的途径表达他的心意。

你可以使用这个模型来分析生活中几乎所有的事情。我们推荐大家以这个模型为基础来写每日的反思日记。环境永远不会引发你的感受，始终是你对环境的思考引发了你的感受，正所谓"事无好坏，诠释在人"。这个最初起源于认知行为学的模型，看似简单，实则蕴含着深刻的道理。佛教中也强调万事万物都是"空性"的。正如《能断金刚：超凡的经营智慧》一书所说："事物本身没有特别的属性，或者说事物有不同的可能性，它的所有特性都取决于我们如何看待它。而这也正是事物的潜能。它是通往一切成功的秘密。"而我们外在世界的结果常常是我们内在世界的折射和反映。

如果我们能够在遇到困难、困惑、挫折和恐惧时，用这个模型来检视一下生活，看看同样的事情在不同的想法下会有怎样不同的发展，假以时日，我们的生活将会发生令人喜悦的变化。我们会很少再抱怨外在的环境和他人，而是更加积极主动，并为自己的生活负百分之百的责任；我们能够更客观地观察自己的思维和情绪，自我觉察能力得到提高；我们看见不同的思维导向不同的感受、行动和结果，能够选择服务于"本我"的思维，更多积极的结果将在我们的生活中显现；我们将变得更加公正、客观、勇敢，更具慈悲心，内心也更加平和。

第五节　人生战略图

在"家园归航"项目中，给各届成员讲解人生战略图的是来自英国的基特。当年37岁的基特怀着第二个孩子，一家人正准备从澳大利亚搬回英国定居，她却在此时得知丈夫患上了癌症，还是晚期。第二年，孩子出生，丈夫去世，丈夫创业的公司也破产了。而如今的她55岁，事业有成，财富自由，儿子也长大成人进入大学。从那里到这里，她是如何走过来的呢？是什么让她跨越了重重困难，越来越活出自己理想中的生活状态呢？

人们常说，选择比努力更重要。除了一些重大的人生选择，比如对伴侣、对工作、对生活的城市的选择，我们每个人的每一天也都充斥着各种各样的选择，比如选择早晨起来第一件事情干什么、早餐吃什么、一天的工作如何安排、跟孩子在一起时做些什么、读什么书、几点上床睡觉等。这种日复一日的生活，构成了我们的一生。而不同的选择，会创造不一样的人生。选择的背后则体现了我们不同的使命、愿景和价值观。那些所谓的成功人士，无非是挖掘出了自己的人生使命，创造了自己的人生愿景，定位了自己的价值观的人。他们在做选择时，就会与自己的使命、愿景和价值观保持一致。

在"家园归航"的培训上，基特作为导师给我们介绍了一个工具，一个整合了人生的使命、愿景、价值观及人生三大维度的优先级的工具——人生战略图（life strategy map）。跌入深渊的基特，正是靠着人生战略图从悬崖底端爬上来，从迷雾森林中走出来，走向她今天的春暖花开、草木葳蕤。本章的最后一节将这个小工具介绍给你，它可以在你感到困惑时，甚至在你还未感受到困惑时，就帮助你梳理你最看重的是什么，帮助你做出人生选择。

我们很多人都听说过公司发展战略图，它涉及公司使命、愿景、价值观、资源分配等最核心的战略部署。战略图是前进的灯塔，它让你在面对困境时做出有意识的选择，它也是更高层级的统筹和规划。如果每一个人就是一家公司，你、我这种一个人的公司是否也要拥有自己的人生战略图呢？战略（策略）就是你选择做什么、不做什么，以及这中间的取舍和权衡。没有人有足够的资源去做所有事情，所以我们都需要关注重点。

让我们从一个故事开始吧！

一位教授在给学生上哲学课，在他面前摆放着一些东西。当课程开始时，他沉默地拿起一个非常大而空的蛋黄酱罐，用岩石填充它。然后，他问学生瓶子是否已满。学生们都说"是"。于是，教授拿起一盒鹅卵石倒入罐子。他轻轻摇晃着罐子，鹅卵石滚进了岩石之间的空隙。然后，他又问学生罐子是否已满。学生们都说"是"。教授接下来拿起一盒沙子倒进罐子。当然，沙子填满了石头的空隙。他再次问学生罐子是否已满。学生们都说"是"。然后，教授制作了两杯咖啡，将咖啡全部倒入罐子，有效地填充了沙子之间的空隙。学生们笑了。

随着笑声消退，教授说："现在，我希望你们认识到这个罐子代表着你们的生活。岩石是重要的东西——你的家庭、你的孩子、你的朋友、你的健康和你最喜欢的激情。如果其他一切都丢失了，只剩下他们，你的生活仍然充实。鹅卵石是与你的工作、房子和汽车相关的事情。沙子就是其他所有小东西。如果你先把沙子放进罐子，那就没有鹅卵石或岩石的空间了。生活也是如此。如果你把所有时间和精力都花在了小东西上，那你永远不会有足够的时间和空间去做对你来说很重要的事情：关注那些对你来说至关重要的事情、和你的孩子一起玩、花时间去做体检、带上你的伴侣出去吃饭等。设定好人生的优先顺序，首先要照顾岩石——真正重要的事情，其余的只是沙子。"其中一个学生举起手来询问咖啡代表什么。教授笑了笑："我很高兴你问了这个问题。这只是告诉你，无论你的生活多么充实忙碌，你总有时间与朋友喝几杯咖啡。"

上面这个故事，其实已经道出了人生战略图的精髓。那么接下来，我们就来看一下人生战略图具象化以后的样子。

人生战略图的框架像一座房屋的架构，"屋顶"是统领一切的人生使命，"地基"则是生命中最重要的价值观，而支撑房屋的主体是本章第二节介绍的三层关系：与自己、与他人（关系）、与外部世界（事业）的关系。

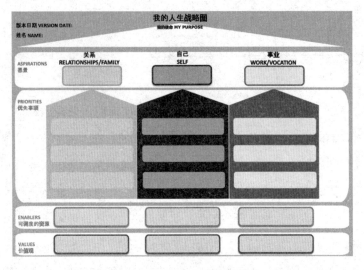

图 3-4   人生战略图框架

人生使命是一个宏大的话题，也不是轻轻松松就可以找到的。它建立在自我认知的基础之上，即知道"我是谁""我相信什么""什么对我来说最重要"。人生使命是我们生存下去的理由，是我们行为背后的"为什么"，是哪怕地球上只剩下自己一个人也要活下去的原因。它是我们在大海上航行的灯塔。即便在最困难的时期，它也会提醒我们前行的"目的地"，指导我们重新分配时间和能量（人生战略图中的"ENABLERS"）来做那些对我们来说最重要的事情。发现人生使命的过程是一个"揭开"的过程，而不是强迫创造的过程。很多时候，我们的人生使命往往被外在的压力和社会的期望蒙上了阴影。

与自己的关系，是人生战略图中最基础也最重要的一层关系。与他人、与外部世界的关系常常折射出与自己的关系。当我们感觉疲乏、恐惧、不安时，我们也常常会在与他人互动，以及在个人为世界做贡献的过程中做出与自己的真实意图相悖的行动。就如同飞机上的安全提示一样，与自己的关系反映的是"在帮助他人之前，先戴好自己的氧气面罩"。

为了帮助你更好地去寻找自己的人生使命，你可以试着去做以下几个练习。

（1）什么事最让你感到内心满足？回想人生中让你感到最投入、最焕发生命活力的事件。不断地去写下那些时刻，不给自己任何限制。当你感觉心灵满足和充盈时，发生了什么？你能找到什么规律吗？

（2）你的悼词。一位护士总结了她与病床上奄奄一息的病人之间的谈话。这些临死之人生前最大的五个遗憾是：

A. 我希望我有勇气去过自己想要的生活，而不是他人期待我过的生活

B. 我希望我没有如此卖命地工作

C. 我希望我有勇气去表达我的感受

D. 我希望我与朋友保持联系

E. 我希望我选择让自己更开心一些

想象一下，你正在自己的葬礼上发表悼词。你会如何描述你自己呢？你是如何充分发挥自己的潜能，去实现你的人生使命和梦想的？你是按照自己的期望还是按照他人的期望去生活的呢？你将时间和精力用在了生活中真正重要的事情

上，还是用在了一些紧急但不重要的事情上？你去实现自己的梦想了，还是只履行了社会期许的职责？你找到面对真实的自己的勇气了吗？你今天发表的悼词和你将来某天发表的悼词会有什么不同吗？

（3）对你来说真正重要的是什么？如果你的生命将在一年后终止，什么是你觉得最重要的事情？如果你只有一个月的生命呢？如果只有一天呢？

（4）五次"为什么"。对于以下每个问题，尝试问自己五次追根究底的"为什么"。

与自己：为什么你想变得更好？

与他人（关系）：为什么你想重塑与他人的关系？

与外部世界（事业）：为什么你会做现在做的事情？或者，为什么你想做些不同的事情？

在人生战略图的"地基"位置，是"价值观"。价值观是对某些事物的深刻信念。无论你是否意识到你的价值观，它们都在指导你的行动和大大小小的决定。价值观塑造了我们的生活，它们帮助我们成为我们想要成为的人。我们对重要的事情（价值观）越关注，我们追求它的概率就越高。当人生使命和价值观会聚时，它们不仅会告诉我们前进的方向，而且会告诉我们为什么这样做对我们很重要。价值观的选择将指导我们做决策并推动我们实现自己的人生使命。

房屋的"主体"部分则是关于我们如何与自己、与他人、与外部世界相处的故事了。当我们想明白了自己的人生使命、确定了自己在三个层面上的价值观时，我们会仔细分析，我们想要做哪些事情来实现自己的人生使命，让自己过不后悔的人生。

人生战略图的绘制不是一蹴而就的事情。当你有了一幅初稿之后，你后续可以不断对各项内容进行反思并重新修订，最终使它成为自己满意的版本。将人生战略图粘贴在书桌的正前方，以便你时时能够看到；将人生战略图分享给你的家人、朋友、同事，请求他们给予反馈。在分享的过程中，我们对自己人生的设计和规划也会越来越清晰，并在自己的周围世界创造能量场，它会支持并帮助你实现自己的愿景和人生使命。

绘制和完善人生战略图是一件非常需要勇气和毅力去开始、去坚持的事情，如果有人指导，每一步的梳理会更加顺畅。本书也期待未来能够通过更多线上线下的课程来帮助更多人使用这一工具，在了解自己的道路上走得更远。

　　读到这里，你有没有像我一样，觉得恋恋不舍？

　　也许我们故事中的某个画面让你想到了曾经彷徨失措的自己，也许某个小工具能够让你眼前一亮，也许某句话给你带来了会心一笑。读着刚刚整理完的最新的全稿，我好像又回到了南极的"乌斯怀亚号"上，和大家一起经历了一次让人看见世界又开启内心，让人变得柔软却又无比坚强的生命之旅。

　　在这个被新冠病毒影响的春天，2020 年开头的几个月，我们都被迫隔离在家里。面对比人类历史悠久得多的病毒，以及世界其他各处正在发生的蝗灾、山火，我们都体会到，人类社会正在经受自己创造的文明社会引发的巨大考验，我们习以为常的世界正在变得越来越不稳定。当我们足不出户的时候，我们更能体会到自由的宝贵。在我们无法踏出家门走到远方，进行亲身的独特体验时，我们用这本书里的文字，用每一个人真实的故事，为大家带来探索自我、看见他人、关爱世界的体验。我们希望透过字里行间，把我们在地球尽头经历过的身心洗礼一并带给大家。这本书里有好多宝藏，有好多力量，这些有美丽灵魂的女性用自己的生命不断磨砺，呈现了如此珍贵、如此真实的声音。

　　在生命之船上，我们既是享受风景的乘客，又是要努力维持船舶运转的工程师，同时也是掌舵的船长。也许在不远的未来，还会有许多突发情况像德雷克海峡的巨浪一样袭来，打破你生活的平衡。或许作为乘客的你会慌张失措，情绪喷涌而出；或许作为工程师的你，要带着压力马上应对；作为船长的我们，则永远能选择在每一个当下勇敢地面对自己，并且和身边的同伴一起应对危机。因为在风浪过后，出现在眼前的或许是天堂一般的南极。

不断成长的中国队

参加完第一届"家园归航"回到中国时，我希望更多的女性能够受益于"家园归航"项目，也希望更多的中国人能在可持续发展和女性领导力这些领域发出声音。一个缺失了中国声音的"家园归航"国际项目，本身也是不完整的。发展到现在，已经有超过20位中国女性参与这个项目，我们有一个共同的名字——"家园归航"中国队。

2016年，由于项目刚起步，"家园归航"在中国还鲜为人知。我用第一届的影像素材在凤凰网上做直播；我注册了微信公众号，将每天的南极日记连载出来；我联系了身边所有我觉得应该申请这个项目的朋友。"家园归航"的参与经费不菲，筹集经费的过程也是对每一个参与者自身领导力的锻炼，我担心这会对中国的申请人产生门槛，想尽了办法解决这一问题。终于，时任亚布力中国企业家论坛主席的冯仑先生与亚布力中国企业家论坛的张洪涛秘书长决定拿出一笔资金，作为支持第二届"家园归航"项目参与者的"奖学金"。

第三届"家园归航"项目出发之前，参与者人数增多，筹资成了更大的挑战。我还记得在北京一场会议的茶歇期间，彬彬一边上楼梯一边跟我商量着把"家园归航"的故事出版成书的想法。还有许多个夜晚，我们许多人挤在彬彬的小车里，或者吴颖的酒店房间里，或者我家的火锅旁，商量着"家园归航"中国队的下一步发展。由于项目给我们带来的挑战，我们需要想办法一起应对，这反而不断增进了"中国队"这个小小社群的凝聚力。

我们"中国队"，没有一个等级分明的组织架构，没有哪一届高于另外一届的先后次序。我们的会议和活动经常不是很有效率，每次正经开会前后，我们都会讨论半天自己面对的个人和职业课题，每次聚会上大家常常要接受我的"灵魂拷问"和王丽的"教练式启发"。我们年轻一点儿的女性总会好奇，有家庭有孩子的各位姐姐是如何做到这一切的。有孩子的姐姐们也经常带着孩子和我们一起吃火锅。每次我们都在意犹未尽的状态下，才切入正题。

我总觉得自己是如此幸运，能够通过"家园归航"认识这样一群可爱的人。我们互相支持，不定期聚会，每次出差到同一个城市时，再忙也要见一面，每次出征前和归航后一起策划各种分享会，每一次出征之前，上一届都会用心准备给下一届的信。还有，在我们经常活跃的微信群里，大家随时问候，偶尔打趣，常常对环保和女性议题展开认真的讨论。

如果我们去书店看关于领导力的书，绝大多数讲的会是一位男性领导者个人的故事。而《我们选择的自己》的发起、编辑，直到成书，都体现着女性独特的视角。我们之中有人是发起者，有人是响应者，为了书的出版，有的人要一再鼓起勇气面对自己写下真实的故事，有的人要不辞辛苦一遍遍催稿和修订、整合、再加工。在这个过程中，我看到了每一位中国队的女性对美好追求的坚持，克服坎坷的韧性，对他人和地球的关爱，以及和其他人作为一个集体发挥的巨大力量。

2016 年刚参加完第一届"家园归航"的我，只知道要让"家园归航"项目继续，要尽自己的一份力量让其他人了解南极。而这颗意愿的种子，完全不可能想象到后来我们会聚集这么多美好的灵魂和故事。后来，它不断遇到其他的种子，发芽、成长，再继续传播，让"家园归航"的精神能够通过这样一本书被传递给更多的人。

在全球范围内，可持续发展的呼声已经有几十年的历史。从联合国机构到专业环保组织，再到国内引领环保先锋的机构和个人，具有专业知识的律师、记者和科学家在其中起了主导作用。但是我们已经步入新的世纪，世界比以往任何时候都更加密切相连，新冠肺炎疫情影响了每一个人，气候变化和生物多样性保护也与所有人的生活息息相关。对地球母亲的关爱应该是所有人可以共同参与的。

旅途才是终点，当下即是未来

不知不觉，"家园归航"国际项目完成了四年四届的航程，马上进入项目中期，成为逐渐联结世界上如此多美好女性的大社群。"家园归航"中国队的姐妹们也一次次在船上刷新大家对中国的认识，消除大家的偏见，并且在国内不断探索、传播"家园归航"理念，用自己的生命故事感动着其他生命，传播着辽阔、包容、柔韧又有勇气的南极精神。我自己的机构"野声"也走过了两年多的航程，我们带着从 8 岁的孩子到 59 岁的成年人去往南极、北极和喜马拉雅山，与学校进行深入的体验式可持续发展教育研发，发起了中国极地保护网络，策划海洋项目和生物多样性项目，召集了一支"地球特工队"和一群"自然创变者"，一同推动跨界创新的自然保护。

在去参加"家园归航"之前和下船后都有人问过我：你付出那么大的努力将"家园归航"带到中国，值吗？你在船上那么努力工作，都顾不上听领导力课程，不觉得委屈吗？你们做的所有项目，最终真的会带来改变吗？你们每一个人力量微弱，又能起什么作用呢？的确，我有的时候还是会发现自己情商不高的一面，而且常常忘记去运用在船上学的一些工具。我和全世界参与了"家园归航"的近400名女性一样，并没有因为去了南极，人生就变得完美无瑕。我们中的很多人甚至在从南极归来之后，经历了更大的挫折和挑战。"家园归航"这个项目的成长既有磕磕绊绊，又有瑕疵。我看到过创始人菲比的至暗时刻，经历过领导层在应对大型危机时的濒临崩溃，但这四年多下来，我也见证了一群在世界各地积极行动的真实的女性共同推动"家园归航"这个社群和集体的成长，并且从来没有放弃自己为地球母亲的奋斗和对她的热爱。

这一切经历的坎坷反而让我更加珍惜。我意识到世界上没有完美的组织，就像没有一个人是完美的，即使是有着几十年领导力经验的菲比，也在领导"家园归航"项目上经历了最困难的课题。如果你认真看了书中的任何一个故事，你就会发现，看似光鲜的人生轨迹，背后都有着许多不为人知的伤痛与独自深思的瞬间。每一次被击倒，都是重新调整的最好机会。我们所追求的并不是完美的人生，而是面对不如意，可以坦然接受，然后继续成长和努力的信心和勇气。

如果你问所有为了地球的自然和环境在努力的人，你们看得到终点吗？你们所做的事情，最终能让地球变好吗？我想很多人的答案也是一样的：只追求最后完美的解决方案是不切实际的幻想。我们能做的只有在每一个当下选择乐观地面对，尽最大的努力，以及和给自己力量的人互相支持。这个过程本身，就把当下变成了最值得经历的旅程，这样的生命本身就是我们可以追求的对自己、他人和地球母亲最重大的意义。如果你去看任何数据、报告和分析，那你可能会对地球的未来感到悲观，但是如果你看到了所有在为地球母亲而努力的人，看到了他们的勇敢和坚持，那你不可能不感到乐观。乐观主义并不是相信山洞尽头一定有一束光照进来，而是在我们摸黑前进的时候，有人点起火把，有人唱起歌，有人互相拉起手，我们珍惜一步步宝贵的前行，一同把这些瞬间连成一次最伟大的探索旅程！

一起归航

我们的地球母亲已经走过了 46 亿年的生命之路，而智人仅仅存在了 20 万年。大自然给予着我们一贯的关爱，太阳依然每天升起，森林和海洋依然释放着氧气，所有气候、生态都调节到了最适宜人类居住的状态，让我们建设城市，书写历史，创造文明。即使因为人类的活动，现在许多自然生态系统已经伤痕累累，全体人类都还依赖着地球母亲维持我们宝贵的生命。而我们和地球上的其他物种其实没有本质上的高下区分，我们是一个统一的家族和生命体。我们辛辛苦苦来这世上一遭，终究要归于泥土，在若干年后成为其他生物的能源和养料。唯有爱才能让我们和自然一直在一起。

　　现在的我回想起 2016 年的那次南极之旅，记忆中有很多拼凑的细节。我记得离别时费恩眼中的泪水，记得早上格雷格叫醒大家的广播声音，记得菲比看向远方的眼神，记得自己的焦虑和放下，记得愿意付出所有去争取这一次机会的决心。而从南极回来以后，我的意志力好像变得薄弱了，我原本想要去非洲施展拳脚的计划不见了，我原本想要证明自己的意愿消失了，甚至我对环保事业一定要达到某个目标的期许都降低了。在浩渺的南极冰雪面前，我们这些所谓的执着和意义都太微小了。

　　我们发现，在南极的航程仅仅是一段序曲，回来之后，我们的归航之旅才真正开始。在自己创业的路上，我学会的最重要的事情不是向往成就和掌声，而是更加勇敢地面对恐惧，应对变化，提醒自己心里有个更大的目标，身边有一群一起奋斗的"家园归航"同行者。这是一段一旦开始就没有终点的旅程。而我其实比之前的任何时候都更有希望，我之所以支持更多的人参加"家园归航"项目，之所以成立"野声"从事环境教育，恰恰是因为我最相信的还是我们作为人本身的潜能和善意，以及和地球与生俱来的联结。我们本来就注定要踏上这条归航之路。要实现可持续发展，要让更多的女性成为领导者，这是一条必经之路。

　　这条路并不一定要去往南极，并不一定需要你获得某些头衔，甚至都不需要别人的支持，只需要你意识到，你的一呼一吸与空气、与植物、与海洋都产生着紧密的联结。为地球母亲做出一点儿努力，每一次呼吸，都请记得感谢森林和海洋为你送出的氧气。在度过每一天的时候，观察自己是否更好地关爱着自己，更好地支持着身边的人。

我们共同拥有这个地球，我们与万物及未来的世世代代共享同一个家园，我们应该好好照顾我们的地球母亲。意识到这一点，就像回家一样简单。而我们在外努力拼搏，常常忘了这个简单的道理。地球母亲是我们的港湾和花园，是宇宙中的挪亚方舟，是最神圣之处，而我们并没有第二个家。

踏上归航之路，只需要一个简单的转念和决心。

希望这本书，能开启你的归航之路。

这是一个我们所处时代的故事，我们一起为了地球母亲，归航回家。

我们向外学习，最终了解了自己。

我们关爱地球母亲，最终也滋养了自身。

我们互相支持，自己得到了力量。

我们向内看去，从而更好地向外联结。

正因为这样，每一个独立的小我在与其他人肩并肩、在一起时，才能变得更强大。

地球母亲的孩子们，你们准备好了吗？

"家园归航"第一届中国队成员

"野声"创始人

姚松乔